"十三五"高等职业教育规划教材

信息技术基础(2)

XINXI JISHU JICHU

（第二版）

主　编　姬小龙　王海燕
副主编　刘文化　靳晓磊
　　　　邓碧侠　段秋月

河南大学出版社

·郑州·

图书在版编目(CIP)数据

信息技术基础(2)./姬小龙,王海燕主编.—2版.—郑州:河南大学出版社,2019.6
ISBN 978-7-5649-3670-9

Ⅰ.①信… Ⅱ.①姬… ②王… Ⅲ.①电子计算机－高等职业教育－教材 Ⅳ.①TP3

中国版本图书馆 CIP 数据核字(2019)第 079380 号

责任编辑	付会娟
责任校对	张雪彩
封面设计	陈盛杰

出版发行	河南大学出版社
	地址:郑州市郑东新区商务外环中华大厦 2401 号　邮编:450046
	电话:0371-86059712(高等教育出版分社)
	0371-86059713(营销部)　网址:www.hupress.com
排　版	郑州市今日文教印制有限公司
印　刷	河南文华印务有限公司
版　次	2014 年 8 月第 1 版　　印　次　2019 年 6 月第 4 次印刷
	2019 年 6 月第 2 版
开　本	787mm×1092mm　1/16　印　张　14
字　数	244 千字　　定　价　36.00 元

(本书如有印装质量问题,请与河南大学出版社营销部联系调换)

前　言

随着社会信息化的发展,信息技术教育已经越过了单纯计算机技术训练的阶段,成为与社会需求相适应的培养信息素养的教育。信息技术课程是为了适应技术迅猛发展的信息时代对人才培养提出的新要求而设置的,是五年制高职学生的一门必修公共基础课程。它以培养学生的信息素养和信息技术操作能力为主要目标,以操作性、实践性和探究性为特征,以提升学生的信息素养为宗旨,并为其后续的信息类课程学习奠定基础。

根据教育部制订的《信息技术课程标准》,结合五年制学生的现状,我们对课程的内容,重点是对信息处理技术,即对信息的获取、加工、管理、表达和交流方面的技术进行了整合,整个课程由"信息技术基础""计算机基础""输入法教程""Internet 应用""Windows 7 系统简介""Word 2010""Excel 2010""PowerPoint 2010""Access 2007 数据库"9 个模块组成。课程全为必修内容,每位同学应完成全部课程的学习。

本书为《信息技术基础 2》的再版,内容包括"Windows 7 系统简介""Word 2010""Excel 2010""PowerPoint 2010""Access 2007 数据库",共 5 章。结合目前五年制高职学生的实际情况,本册内容建议授课时数为 64 学时,供五年制高职二年级使用。

本书与其他同类教材相比较,有以下几个显著特点。

（1）本书通俗易懂,深入浅出,强调实用性。坚持培养学生的信息素养和信息技术操作能力,强调学生在信息技术学习过程中的自主选择和自我设计,提倡通过课程内容的合理延伸,充分挖掘学生的潜力,实现学生的个性化发展。

（2）在坚持实用性的同时,注重课程内容的体系化设计。结合五年制高职学生的实际水平,循序渐进,从 Windows 7 系统简介入手,系统地讲解三个常用办公软件,加强学生的动手操作能力,培养其熟练运用网络解决实际问题的能力。

（3）因地制宜,特色发展。本书充分考虑五年制高职学生的起点水平及个性方面的差异，降低编写难度，在编写过程中，结合初中信息技术教材、高中信息技术教材、高职计算机基础教材，一方面做到"无障碍"教学，另一方面能够全面系统化地渗透各阶段计算机基础知识，照顾到各层次学生的特点与实际。

（4）本册第 1 章 Windows 7 系统简介，是对后 4 章的操作环境的介绍；第 2、3、4 章是本册的重点，系统讲解了 Word、Excel、PowerPoint 的基本操作，每个章节都采用案例化教学，能够极大提高学生的学习兴趣；第 5 章结合信息发展需求，通过制作一个简单的学生成绩管理系统，让学生了解数据库的创建、检索和维护等功能。每章后都设有复习题，以方便教师与学生互动学习，通过复习基本上能够达到课程的教学目标。

时隔五年，信息技术在人们的探索与实践中发展迅速，尤其是 Office 办公软件，在基础性能上有了部分更新，我们在第二版中加入了手机操作 Office、WPS 兼容等内容，并且根据实际课堂教学，在实例和习题中进行了较大改动。同时，结合第一版的使用反馈，对部分内容进行了更改，尤其第 4 章动画制作一节。

本册由姬小龙、王海燕任主编，编写分工如下：姬小龙（第 1 章），王海燕（第 2 章），刘文化、段秋月（第 3 章），靳晓磊（第 4 章），邓碧侠（第 5 章）。由姬小龙承担策划、统稿等工作。

由于编者水平有限，加之时间短促，不足之处在所难免，真诚欢迎使用本书的教师、学生、专家和学者批评指正，以便修订时进一步完善。

编　者
2019 年 5 月

目 录

第 1 章　Windows 7 系统简介　/1

　§1.1　桌面　/1
　§1.2　任务栏　/4
　§1.3　开始菜单　/8
　§1.4　资源管理器　/12
　§1.5　网络连接　/17
　复习题　/22

第 2 章　Word 2010　/24

　§2.1　Word 2010 基本知识　/24
　　2.1.1　Word 2010 的主要功能　/24
　　2.1.2　Word 2010 的启动与退出　/25
　　2.1.3　Word 2010 工作窗口的基本构成元素　/25
　　2.1.4　Word 2010 帮助命令的使用　/27
　§2.2　Word 2010 文档操作　/27
　　2.2.1　创建文档　/28
　　2.2.2　保存文档　/28
　　2.2.3　打开文档　/29
　　2.2.4　关闭文档　/30
　§2.3　文本编辑和格式设置　/30
　　2.3.1　文本编辑　/30
　　2.3.2　文本格式设置　/34
　　2.3.3　段落格式设置　/37
　§2.4　Word 2010 版面设置　/40
　　2.4.1　版面视图　/40

2.4.2 版面格式设置 /41
2.4.3 页面设置 /44
2.4.4 文字处理实例 /47
§2.5 表格制作 /51
2.5.1 创建表格 /51
2.5.2 编辑表格 /53
2.5.3 表格内容的输入和格式设置 /56
2.5.4 表格和文本的转换 /59
2.5.5 表格自动套用格式 /60
2.5.6 表格制作实例 /60
§2.6 图文混排 /62
2.6.1 插入图片 /62
2.6.2 插入艺术字 /67
2.6.3 绘制图形 /69
2.6.4 使用文本框 /72
2.6.5 图文混排实例 /72
§2.7 文档的预览与打印 /75
2.7.1 Word 2010 文档预览 /75
2.7.2 Word 2010 文档打印 /75
复习题 /76

第3章 Excel 2010 /82

§3.1 Excel 2010 的使用入门 /82
3.1.1 启动 Excel 2010 /83
3.1.2 认识 Excel 2010 工作界面 /83
3.1.3 了解 Excel 2010 相关概念 /84
3.1.4 了解 Excel 2010 制作流程 /84
3.1.5 退出 Excel 2010 /85
§3.2 工作簿的基本操作 /85
3.2.1 新建工作簿 /85
3.2.2 保存工作簿 /86

3.2.3　打开工作簿　/86

3.2.4　关闭工作簿　/86

§3.3　工作表的基本操作　/87

3.3.1　选定工作表　/87

3.3.2　插入工作表　/87

3.3.3　删除工作表　/88

3.3.4　移动和复制工作表　/88

3.3.5　重命名工作表　/89

§3.4　单元格的基本操作　/90

3.4.1　选定单元格　/90

3.4.2　插入单元格　/91

3.4.3　删除单元格　/92

3.4.4　移动和复制单元格　/92

3.4.5　合并及居中单元格　/93

3.4.6　查找和替换　/94

§3.5　数据输入　/95

3.5.1　常见的数据类型　/95

3.5.2　输入文本　/95

3.5.3　输入数字　/96

3.5.4　输入时间和日期　/96

3.5.5　数据输入技巧　/97

§3.6　格式设置　/98

3.6.1　设置字符格式　/98

3.6.2　设置数字格式　/100

3.6.3　设置对齐方式　/101

3.6.4　设置行高和列宽　/102

3.6.5　添加边框　/103

3.6.6　添加底纹　/104

3.6.7　添加背景　/104

3.6.8　自动套用格式　/105

3.6.9　应用样式　/105

§3.7 公式与函数 /106
    3.7.1 公式的概述 /106
    3.7.2 创建公式 /107
    3.7.3 编辑公式 /107
    3.7.4 函数的概述 /108
    3.7.5 常用函数 /108
    3.7.6 输入函数 /109
    3.7.7 单元格的引用 /110

§3.8 数据管理 /111
    3.8.1 数据排序 /111
    3.8.2 数据筛选 /112
    3.8.3 分类汇总 /115

§3.9 数据图表 /116
    3.9.1 创建图表 /116
    3.9.2 更改图表类型 /117
    3.9.3 数据透视表 /118
    3.9.4 数据透视图 /118

§3.10 打印工作表 /119
    3.10.1 页面设置 /119
    3.10.2 打印预览 /121
    3.10.3 打印表格 /121

§3.11 实战演练 /121
    3.11.1 实战演练1 /121
    3.11.2 实战演练2 /126

复习题 /132

第4章 PowerPoint 2010 /135

§4.1 PowerPoint 2010 使用入门 /135
    4.1.1 启动 PowerPoint 2010 /135
    4.1.2 PowerPoint 2010 工作界面 /136
    4.1.3 视图方式 /137

4.1.4　退出 PowerPoint 2010　/138

§4.2　编辑演示文稿　/138
　　4.2.1　演示文稿的基本操作　/138
　　4.2.2　幻灯片的基本操作　/140

§4.3　创建演示文稿　/141
　　4.3.1　输入文本　/141
　　4.3.2　设置文本格式　/143
　　4.3.3　编辑文本　/146

§4.4　丰富演示文稿　/146
　　4.4.1　插入艺术字　/147
　　4.4.2　插入图片　/148
　　4.4.3　插入表格　/149
　　4.4.4　插入图表　/150
　　4.4.5　插入 SmartArt 图形　/151
　　4.4.6　插入声音　/152
　　4.4.7　插入视频　/153

§4.5　美化演示文稿　/153
　　4.5.1　设置幻灯片主题　/153
　　4.5.2　设置幻灯片背景　/155
　　4.5.3　制作幻灯片母版　/156

§4.6　放映演示文稿　/157
　　4.6.1　设置切换效果　/157
　　4.6.2　应用动画　/159
　　4.6.3　放映幻灯片　/159

§4.7　打印演示文稿　/162
　　4.7.1　设置页面属性　/162
　　4.7.2　设置页眉和页脚　/162
　　4.7.3　打印演示文稿　/162

§4.8　实战演练　/163
　　4.8.1　制作戒烟公益广告　/163

复习题　/169

第 5 章　Access 2007 数据库　/170

§5.1　数据库的创建与操作　/170
5.1.1　创建"学生成绩管理系统"数据库　/171
5.1.2　操作数据库　/174

§5.2　表的创建与维护　/179
5.2.1　创建"学生"表、"成绩"表和"课程"表　/179
5.2.2　设置"学生"表的属性　/187
5.2.3　编辑"学生"表　/191
5.2.4　设置"学生"表格式　/193

§5.3　表的高级操作与设置表之间的关系　/196
5.3.1　排序"成绩"表中的数据　/196
5.3.2　筛选"学生"表和"成绩"表中的数据　/199
5.3.3　在"学生"表中查找和替换数据　/203
5.3.4　创建数据表之间的关系　/204

复习题　/210

第1章　Windows 7 系统简介

学习目标

◎ 了解 Windows 7 系统桌面、任务栏的新功能。
◎ 了解 Windows 7 系统开始菜单的 Aero 效果。
◎ 熟练进行 Windows 7 系统中资源管理器的相关操作。
◎ 熟练进行 Windows 7 系统的网络连接。

Windows 7 无疑是当今最热门的个人电脑操作系统,无论是界面还是功能,比以往的操作系统都有了长足的进步。为了使初学者尽快掌握与熟悉新的操作方法,本章将从 Windows 7 的注意事项讲起,然后学习 Windows 7 的基本操作,包括桌面、任务栏、开始菜单、资源管理器、网络连接等,让大家可以通过了解窗口组件来调配自己习惯的操作环境。

§1.1　桌　　面

"桌面"是启动计算机系统后看到的整个屏幕,是用户和计算机进行交互的界面。用户可以根据自己的需要在桌面上添加各种快捷图标,在使用时双击图标就能够快速启动或打开相应的程序或文件。

初次看到 Windows 7 的桌面后,你会感到它竟是如此梦幻,带给你的体验绝对是前所未有,相信你一定不会后悔跟随本章踏上 Windows 7 体验之旅。

在桌面上单击鼠标右键,看一看右键菜单的变化,如图 1-1 所示,进一步体验 Windows 7 给我们的初步印象。Windows 7 的桌面右键菜单内容更加丰富,带有图标显示的选项也更加美观,符合桌面的整体风格。

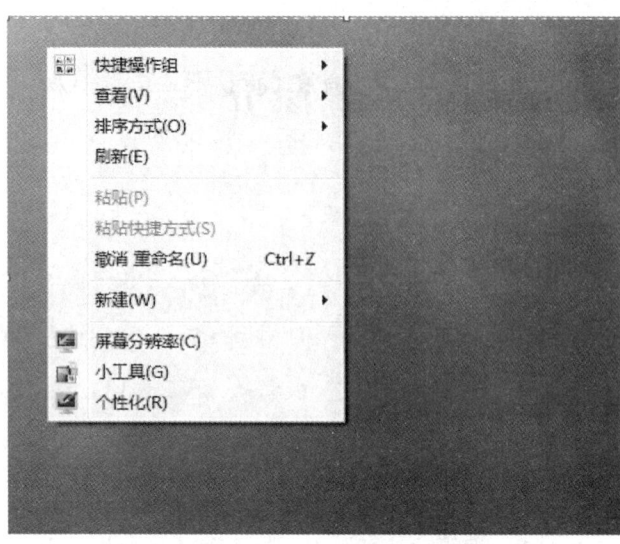

图 1-1　Windows 7 的桌面右键菜单

在右键菜单中,关于桌面的一些功能被更加直观地添加到其中,如屏幕分辨率的调整和桌面个性化选项,便于我们找到这些设置,随时对桌面外观进行更改。当我们点击"屏幕分辨率"后,便可直接到达设置屏幕分辨率的控制面板选项中,并可通过拖动滑动条来改变当前桌面的分辨率设置,如图 1-2 所示;而在"个性化"选项中,则有比 Windows XP 丰富得多的桌面外观设置。

图 1-2　设置屏幕分辨率

在默认的状态下,Windows 7 系统安装之后,桌面上还保留了回收站的图标,那么如何找回桌面上的"我的电脑""我的文档"图标呢? 在右键菜单中点击"个性化",然后在弹出的设置窗口中点击左侧的"更改桌面图标",接下来就会看到相关的设置了,如图 1-3 所示。在 Windows 7 系统中,XP 系统下"我的电脑"和"我的文档"已相应改名为"计算机""用户的文件",因此在这里勾选上对应选项,桌面便会重现这些图标了。

图 1-3　桌面图标设置

通过桌面上 Windows 7 酷炫的 128×128 大图标效果,Windows 7 系统的美观和精细将一览无余。在桌面上单击鼠标右键,依次选择菜单项"查看—大图标",就可以看到效果了,如图 1-4 所示,这种清晰和美观的效果在你所熟悉的 Windows XP 中是无法想象的。

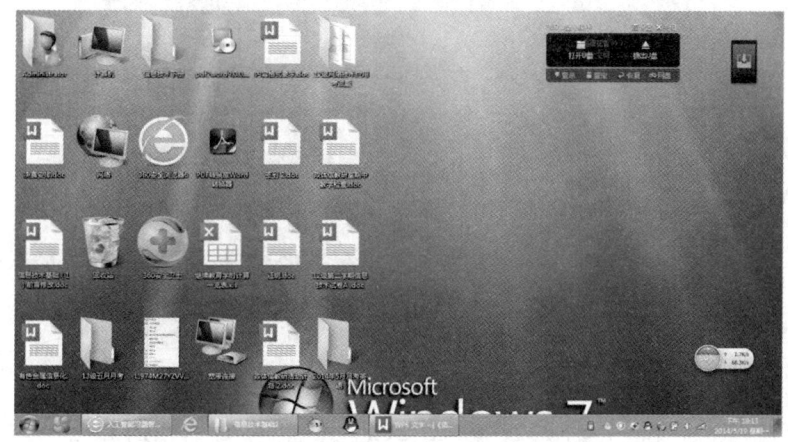

图 1-4　大图标显示的桌面依旧清晰、漂亮

如图 1-5 所示,任务栏作为 Windows 7 系统的一大亮点,一定已经引起你的注意了。虽然 Windows 7 系统的任务栏基本保持了原有的结构,但是却已经大有不同。从桌面上看,我们不仅仅看到的是 Aero 效果的美妙,还有开始菜单也变成晶莹剔透的 Windows 徽标圆球,而任务栏图标也完全不同——

去除了显示的文字,完全以漂亮的图标来"说明"一切。

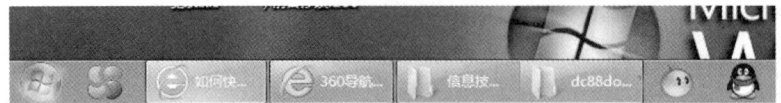

图 1-5　大有文章的任务栏

§1.2　任 务 栏

与我们所熟悉的 Windows XP 系统相比,Windows 7 系统的任务栏基本保持了原有的结构。从外观上看,Windows 7 系统的任务栏十分美观,半透明的效果及不同的配色方案使得其与各式桌面背景都可以天衣无缝,而开始菜单也变成晶莹剔透的 Windows 徽标圆球,十分吸引眼球,在布局上,从左到右分别为"开始"按钮、活动任务以及通知区域(系统托盘),如图 1-6 所示。不过有一点不同的是,Windows 7 系统将快速启动按钮与活动任务按钮结合在一起,它们之间没有明显的区域划分。

图 1-6　Windows 7 美轮美奂的任务栏

就让我们按照从左到右的顺序来看看任务栏上每一部分的功能吧！Windows 7 系统会默认分组相似活动任务按钮,如我们已经打开了多个资源管理器窗口,那么在任务栏中只会显示一个活动任务按钮。或许你会说这是 Windows XP 早就具备的功能,但是与 XP 系统不同的是,将鼠标移动到任务栏上的活动任务按钮上稍微停留,你就可以方便预览各个窗口内容并进行窗口切换,如图 1-7 所示,非常酷炫而又实用的效果！

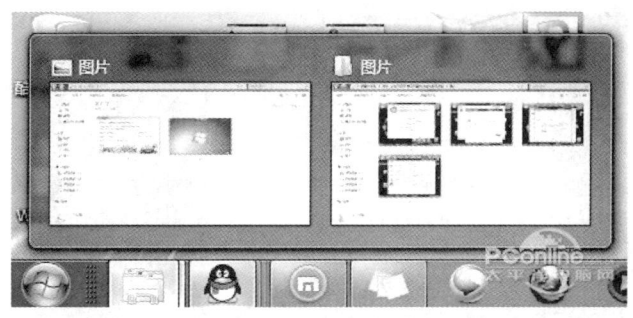

图 1-7　任务栏预览效果

在 Windows 7 系统中，XP 系统下的快速启动按钮组已经不再单独存在，而是与活动任务按钮合二为一。那么如何分辨同一区域内快速启动按钮和活动任务按钮呢？非常简单，正在运行的活动任务窗口的图标是凸起的样子（如图 1-8 中资源管理器、傲游、QQ 的图标），而普通的快速启动按钮则没有这样的凸起效果（如图 1-8 中 WMP 11、QQ 音乐的图标）；而如果像上面的资源管理器那样同时打开多个窗口，那么活动任务按钮也会有所不同：按钮右侧会出现层叠的边框进行标识（如图 1-8 中的资源管理器与 QQ 的图标）。

图 1-8　识别不同的任务按钮

如果你认为 Windows 7 系统的任务栏只不过多了预览的窗格而已，那么你就错了。下面，将为大家展示更"厉害"的功能。试着使用 WMP 11 来播放一首歌或者一段视频，然后将鼠标移动到它的任务栏图标上，你会看到一组播放控制按钮，在预览中就可以进行暂停、播放等操作，如图 1-9 所示；而如果在 WMP 11 的按钮上单击鼠标右键，如图 1-10 所示，同样也会有惊喜，这些功能非常方便。事实上，这正是 Windows 7 系统的特色，任何程序都可以专门针对 Windows 7 系统进行开发后，拥有这样的功能。

图 1-9　WMP 11 在任务栏中的新体验

图 1-10　在 WMP 11 任务按钮上单击鼠标右键的效果

对于 Windows 7 系统的"JumpLists"新功能,相信大家都有所耳闻,它可以为每个程序提供快捷打开,就像是"我最近的文档",只要右键单击任务栏中的图标即可使用这个功能。

图 1-11　全新的 JumpLists 功能

图 1-11 资源管理器的 JumpLists 菜单中的"已固定"中,有一项叫作"photo"的文件夹,它是如何固定到这里的呢?很简单,将目标文件夹直接拖动到任务栏区域就可以了,你会看到任务栏出现"附到 Windows 资源管理器"的提示。这样就可以随时快速访问该文件夹了,如图 1-12 所示。事实上,要向任务栏添加其他快速启动项目也是同样的操作。

图 1-12　附加文件夹到资源管理器的 JumpLists 中

　　Windows 7 系统任务栏的通知区域(即系统托盘区域)有一点点小的改变：默认状态下，大部分的图标都是隐藏的，如果要让某个图标始终显示，只要单击通知区域的倒三角按钮，然后选择"自定义"，如图 1-13 所示；接着在弹出的窗口中找到要设置的图标，选择"始终在任务栏上显示所有图标和通知"即可，如图 1-14 所示。

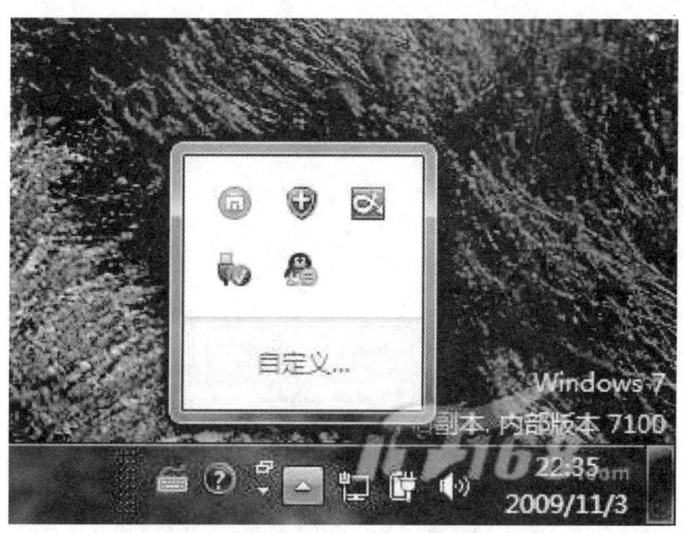

图 1-13　Windows 7 的通知区域

图 1-14　自定义 Windows 7 的通知区域图标

在 Windows 7 系统中,没有再见到过去所熟悉的"显示桌面"按钮,因为它已"进化"成 Windows 7 任务栏最右侧的那一小块半透明的区域,如图 1-15 所示。对于用"进化"一词来描述,它的作用不仅仅是单击后即可显示桌面、最小化所有窗口,而且当鼠标移动到上面后,即可透视桌面上的所有东西,查看桌面的情况,而鼠标离开后即恢复原状。

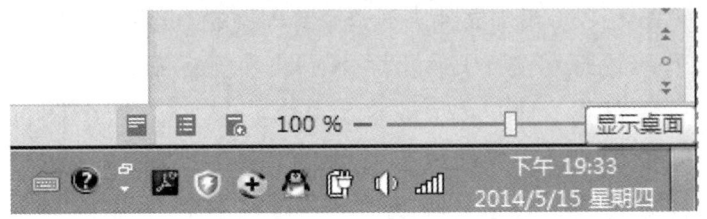

图 1-15　Windows 7 的显示桌面功能得到了"进化"

任务栏的时钟区域,延续了 Windows Vista 的多时钟功能,可以附加时钟,来添加另外两个不同时区的时钟,如图 1-16 所示。

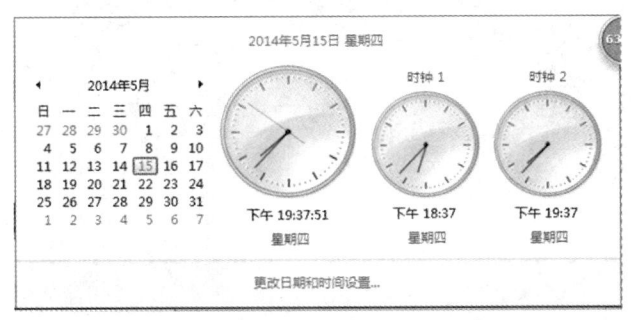

图 1-16　Windows 7 支持多时区时钟功能

§1.3　开始菜单

事实上,在桌面的初始体验中就已经可以感受到开始菜单的变化——开始菜单从过去简单的按钮,变成晶莹剔透且带有动画效果的 Windows 徽标圆球。而如果打开开始菜单,会发现更多的外观上的变化:梦幻的 Aero 效果、晶莹的关机按钮、美观的个人头像,当然还有协调的配色风格。

在易用性、功能等许多方面,Windows 7 开始菜单也在不断地变化,有许多新的使用方式、新的功能被融入其中,如图 1-17 所示。

图 1-17　Windows 7 的开始菜单

大家都还记得在任务栏中所介绍的"JumpLists"吧？这个功能同样存在于开始菜单中，在 Windows XP 的开始菜单中，有一个"最近打开的文档"菜单项中，系统会将最近打开的文件快捷方式都汇集在这个二级菜单中；而在 Windows 7 系统中，这个功能融入于每一个程序中，变得更加方便。单击"开始"按钮，就可以看到这里记录着最近运行的程序，而将鼠标移动到程序上，即可在右侧显示使用该程序最近打开的文档列表，单击其中的项目即可用该程序快速打开文件了。

这样的新功能无疑将提高操作效率，而更进一步地，还可以发现其中的细节。当将鼠标指向某个文件时，可以看到其右侧会有一个图钉样式的按钮，单击该按钮后即可将该文件"附加到列表"，也就是固定在列表的顶端，如图 1-18 所示的那个命名为"tag"的文件一样。

图 1-18 开始菜单中的"JumpLists"

在开始菜单中,最近运行的程序列表是会变化的,而如果有一些经常使用的程序,也可以将其固定在开始菜单上。方法很简单:在程序上单击鼠标右键,然后选择菜单项"附到「开始」菜单"即可,如图 1-19 所示。完成之后,这个程序的图标就会显示在开始菜单的顶端区域,傲游浏览器与记事本的图标一样。

单击"所有程序",会发现 Windows 7 系统开始菜单的程序列表放弃了 Windows XP 中层层递进的菜单模式,而直接将所有内容放置到开始菜单中,通过单击下方的"所有程序"来进行切换,如图 1-20 所示。这样的变化虽然看似并不起眼,但是在长期的使用中会感到它的确更加方便。

图 1-19 将程序快捷方式附到开始菜单上

图 1-20 Windows 7 开始菜单的程序列表

在整个开始菜单中,如图 1-21 所示,关机按钮设计得非常精致,且通过右侧的扩展按钮,可以快速让计算机重启、注销、进入睡眠状态,同时也可以进入到 Windows 7 系统的"锁定"状态,以便在临时离开计算机时,保护个人的信息。

位于开始菜单下方的搜索框,可谓是 Windows 7 系统功能的一大精华,在其中依次输入"i""n""t"……这时会发现开始面板中会显示出相关的程序、控制面板项以及文件,且搜索的速度也令人满意,如图 1-22 所示。它的使用就是如此简单,但是功能却十分强大。

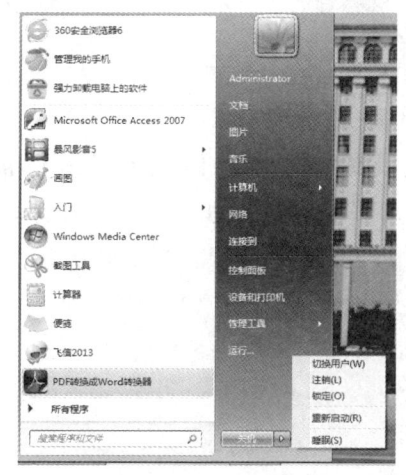
图 1-21　Windows 7 的关机按钮

图 1-22　开始菜单中置入了强大的搜索框

Windows 7 系统的开始菜单也可以进行一些自定义的设置。如果担心开始菜单中的 JumpLists 功能会泄露隐私,可以在开始菜单上单击右键,进入属性后,如图 1-23 所示,在这个界面上单击"自定义",可以看到一系列的开始菜单项显示方式的设置,如将"计算机"设置为"显示为菜单"后,回到开始菜单中,就可以看到如图 1-24 所示的显示效果——"计算机"选项后多了二级菜单,可以直接进入各个分区。

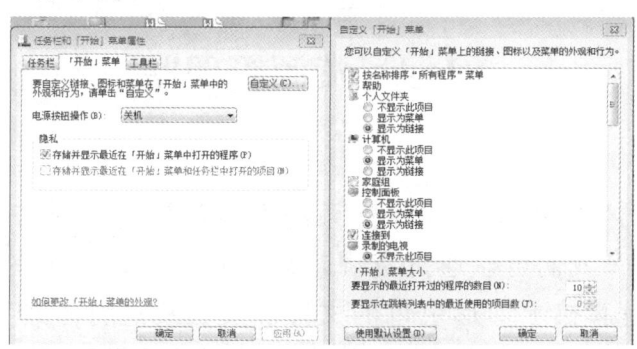
图 1-23　自定义开始菜单

图 1-24 "显示为菜单"后的"计算机"选项

在自定义开始菜单的界面中,将滚动条拉到最下方,可以看到"运行命令"的选项,勾选它后即可在开始菜单中重现"运行"选项了,如图 1-25 所示。

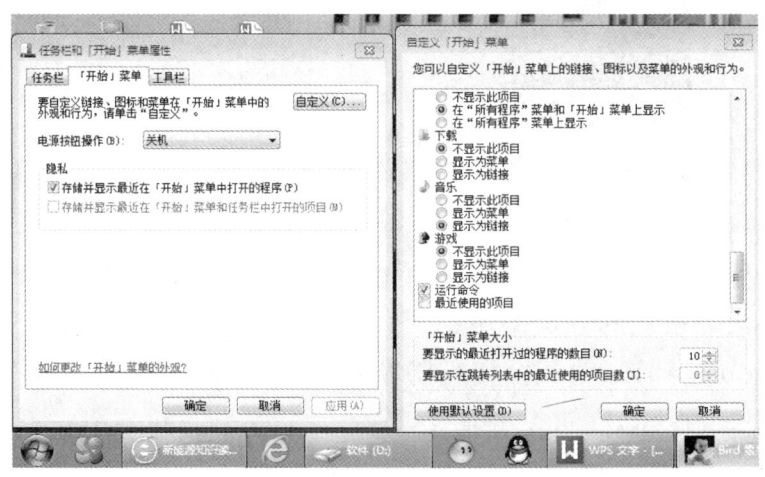

图 1-25 重现"运行"选项

§1.4 资源管理器

"资源管理器"是 Windows 操作系统提供的资源管理工具,是 Windows 的精华功能之一。我们可以通过资源管理器查看计算机上的所有资源,能够清晰、直观地对计算机上形形色色的文件和文件夹进行管理。在 Windows 7 系统中,资源管理器这个我们所熟悉的"老家伙"可谓是旧貌换新颜,不仅穿上了漂亮的"外衣",而且也更有"内涵",处处都散发出不一样的气息。那么,我们就来看看 Windows 7 的资源管理器有怎样的一番新景象,有哪些值得大家学习的新功能。

光从界面上看,就可以发现一些不同之处:左侧的列表、各类图标、地址栏、菜单栏等,如图 1-26 所示。

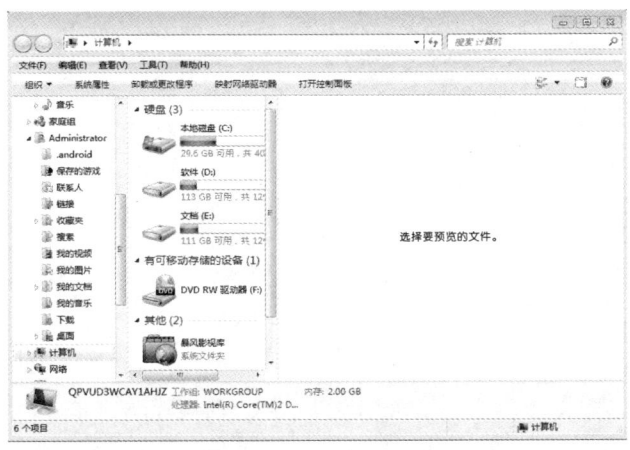

图 1-26　Windows 7 的资源管理器

首先,来看 Windows 7 资源管理器左边的一块列表区。在这个列表中,整个计算机的资源被划分为收藏夹、计算机和网络等,这与 Windows XP 及 Vista 系统都有很大的不同,所有的改变都是为了让用户更好地组织、管理及应用资源,为我们带来更高效的操作。比如在收藏夹下"最近访问的位置"中可以查看最近打开过的文件和系统功能,方便再次使用,如图 1-27 所示;在网络中,可以直接在此快速组织和访问网络资源。

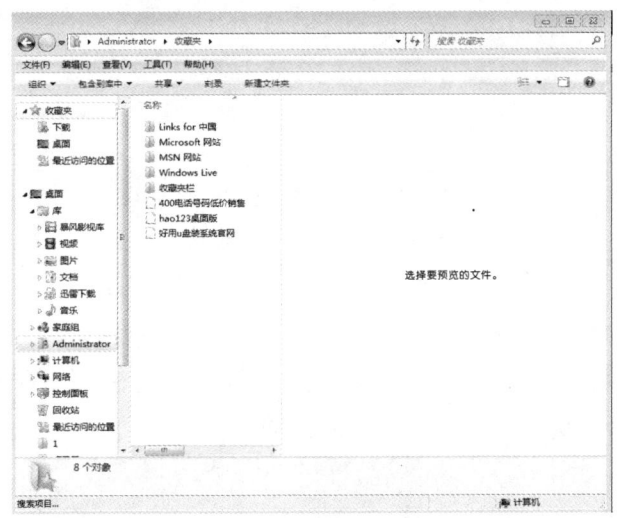

图 1-27　最近访问的位置——新的资源管理器更便于用户的操作

Windows 7 资源管理器的地址栏采用了叫作"面包屑"的导航功能,如图 1-28 所示,相信很多人对此并不陌生,因为这是从 Windows Vista 系统开始采用的功能。关于它的种种好处,就不再多说了,不过还是有一个小小的提示:如果你要复制当前的地址,只要在地址栏空白处单击鼠标左键,即可使地址栏以传统的方式显示。

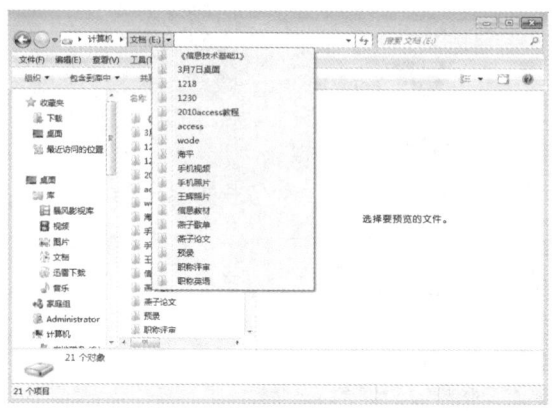

图 1-28　Windows 7 的地址栏采用了"面包屑"导航

如图 1-29 所示,在菜单栏方面,Windows 7 系统的组织方式发生了很大的变化或者说是简化,一些功能被直接作为顶级菜单而置于菜单栏上,如刻录、新建文件夹功能。

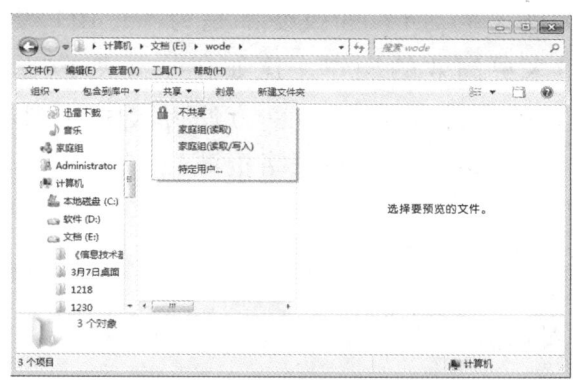

图 1-29　Windows 7 的菜单栏

此外,Windows 7 系统不再显示工具栏,一些有必要保留的按钮则与菜单栏放置在同一行中。如图 1-30 所示,视图模式的设置,单击"更改您的视图"按钮后即可打开调节菜单,在多种模式之间进行调整,包括 Windows 7 系统特色的大图标、超大图标等模式,如图 1-31 所示。

第 1 章　Windows 7 系统简介

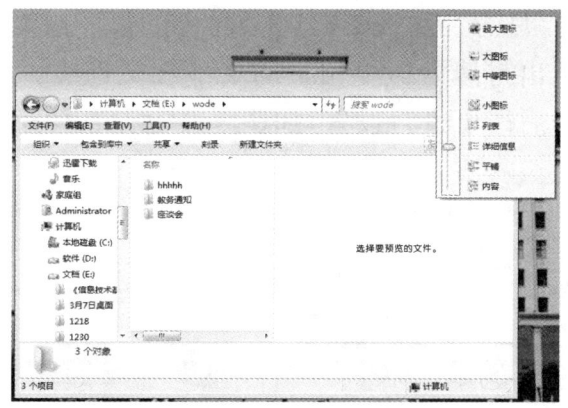

图 1-30　Windows 7 的视图模式

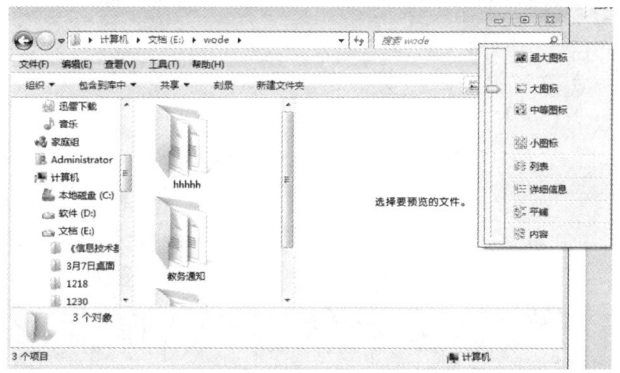

图 1-31　大图标的显示模式颇有特色

在地址栏的右侧，可以再次看到 Windows 7 系统无处不在的搜索。如图 1-32 所示，在搜索框中输入搜索关键词后回车，立刻就可以在资源管理器中得到搜索结果，不仅搜索速度令人满意，且搜索过程的界面表现也很出色，包括搜索进度条、搜索结果条目显示等。

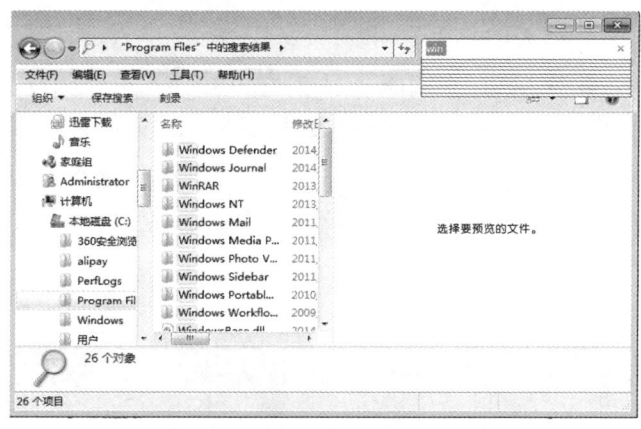

图 1-32　在资源管理器中使用搜索

在图 1-33 中可以注意到,搜索时,输入关键词,下拉菜单中会显示出搜索历史,界面中会显示出与搜索历史相关的文件和文件夹。此外搜索支持两种搜索过滤条件,单击后即可进行设置,如图 1-34 所示,使用起来比以前更加人性化。

图 1-33　搜索历史与搜索条件

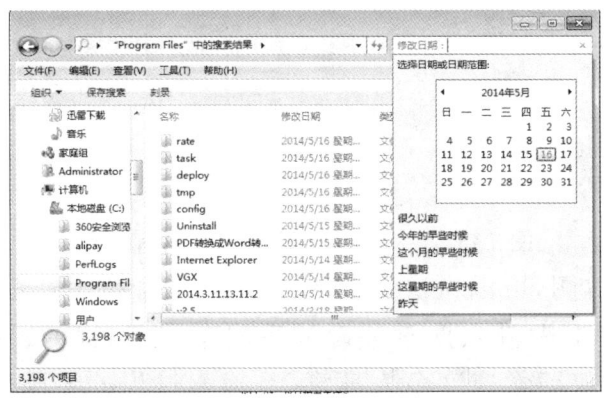

图 1-34　设置搜索条件

过去,Windows 资源管理器的预览其实是个不常用的功能,然而在 Windows 7 系统中这种情况完全改变了。Windows 7 系统中添加了很多预览效果,不仅仅是预览图片,还可以预览文本、Word 文件、字体文件等,这些预览效果可以方便用户快速了解其内容。按下键盘快捷键"Alt＋P"或者单击菜单栏的按钮(如图 1-35、图 1-36 所示)即可隐藏或显示预览窗口。

图 1-35　预览图片

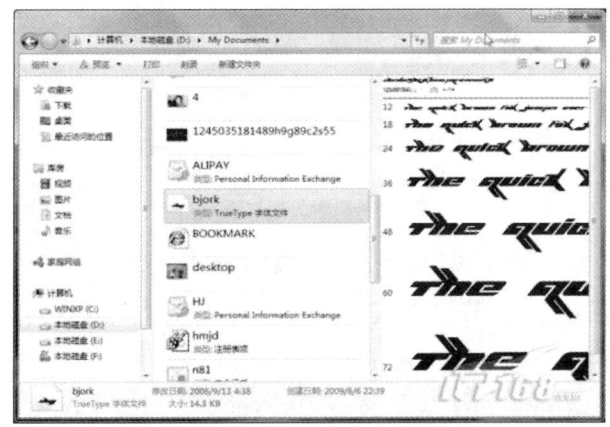

图 1-36　预览字体

§1.5　网 络 连 接

当我们在电脑上安装了新系统后，最重要的一件事就是使其可以连接到互联网。在 Windows 7 系统中，网络的连接变得更易于操作，它将几乎所有与网络相关的向导和控制程序聚合在"网络和共享中心"中，通过可视化的视图和单站式命令，我们便可以轻松连接到网络。下面我们就来看看如何在 Windows 7 系统中使用有线和无线网络连接互联网。

首先来看看有线网络的连接，所有的操作其实非常简单，与过去在 Windows XP 中的操作大同小异，变化的仅仅是一些界面的改动或者操作的快捷化。进入控制面板后，依次选择"所有控制面板项－网络和共享中心"，便可看到带着可视化视图的界面。在这个界面中,我们可以通过形象化的映射图了解到自己的网络状况,当然更重要的是在这里可以进行各种网络相关的设置,如图 1-37 所示。

图 1-37　网络和共享中心

Windows 7 系统的安装会自动将网络协议等配置妥当,基本不需要手工介入,因此一般情况下只要把网线插对接口即可,至多就是多一个拨号验证身份的步骤。那么在 Windows 7 系统中如何建立拨号呢?

同样是在"网络和共享中心"界面上,单击"更改网络设置"中的"设置新的连接或网络",然后在"设置连接或网络"界面中单击"连接到 Internet",如图 1-38 所示。

图 1-38　设置连接或网络

一般情况下,小区宽带或者 ADSL 用户,选择"宽带(PPPoE)",如图 1-39

所示,然后输入用户名和密码即可,如图 1-40 所示。拨号上网,首先用电话线连接好调制解调器,然后在连接类型中选择"拨号",再输入号码、用户名、密码等信息即可。

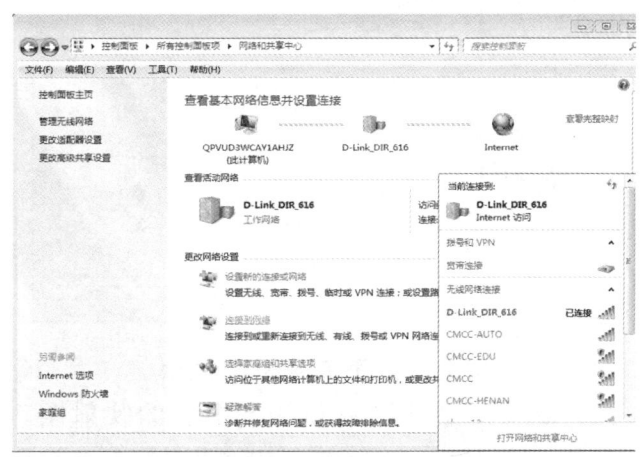

图 1-39　选择连接类型

图 1-40　输入验证信息

Windows 7 系统默认是将本地连接设置为自动获取网络连接的 IP 地址,一般情况使用 ADSL 或路由器等都无须修改,但是如果确实需要另行指定,则通过以下方法:单击网络和共享中心中的"本地连接"弹出本地连接状态,然后选择"属性",就会看到熟悉的界面,双击"Internet 协议版本 4"就可以设置指定的 IP 地址了,如图 1-41 所示。

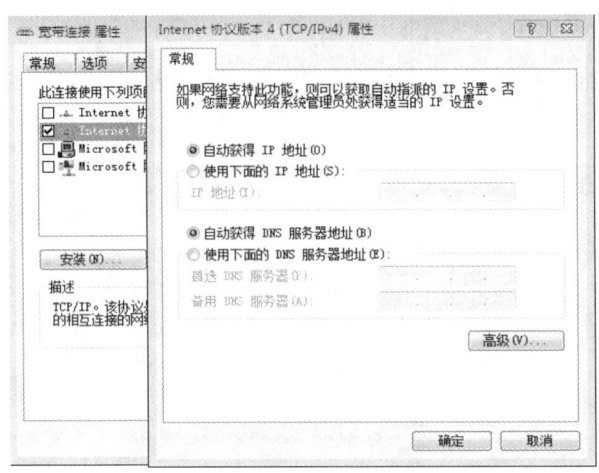

图 1-41 手工设置 IP 地址

如果不习惯 Windows 7 系统网络和共享中心的映射图，以传统方式查看网络连接的方法：单击左侧的"更改适配器设置"即可，如图 1-42 所示。

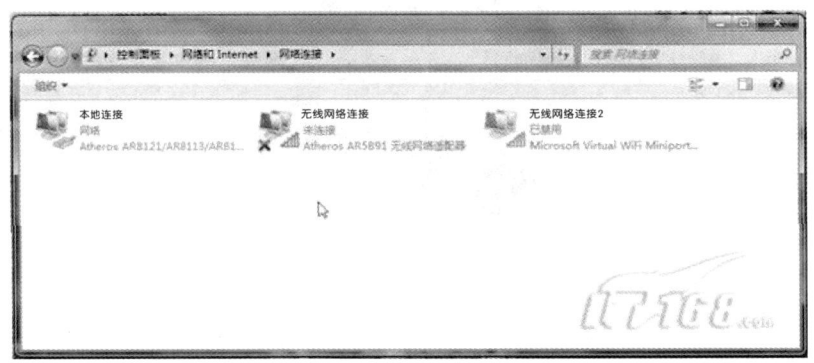

图 1-42 以传统的方式查看网络连接

不推荐在这里进行无线配置，因为 Windows 7 系统为我们提供了更加方便的无线连接方式。

回到桌面上，当启用无线网卡后，鼠标左键单击系统任务栏托盘区域网络连接图标，系统就会自动搜索附近的无线网络信号，所有搜索到的可用无线网络就会显示在上方的小窗口中。每一个无线网络信号都会显示信号如何，而如果将鼠标移动上去，还可以查看更具体的信息，如名称、强度、安全类型等。如果某个网络是未加密的，则会多一个带有感叹号的安全提醒标志，对于这些没有加密的信号，我们就可以"蹭网"了，如图 1-43 所示。

选择要连接的无线网络，然后单击"连接"按钮，如图 1-44 所示，稍等片刻，如图 1-45 所示，就可以开始网上冲浪了！如果要连接的是加密的网络，当然也就只是多一个输入密码的步骤而已。

第 1 章　Windows 7 系统简介

图 1-43　搜索到的无线网络信号

图 1-44　连接无线网络

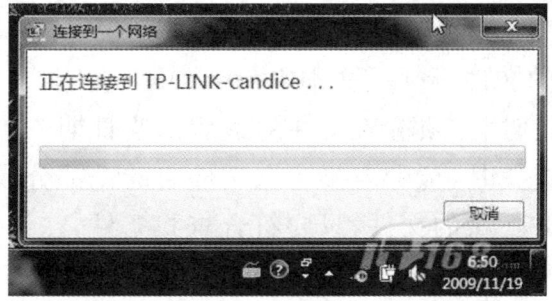

图 1-45　无线网络自动开始连接

当连接上无线网络后,再次在任务栏托盘上单击网络连接图标,可以看到"当前连接到"区域中多个刚才选择的无线网络。再次点选,即可很轻松地断开连接,如图 1-46 所示。

图 1-46　断开无线网络连接

在 Windows 7 系统中,网络的连接变得更加简单,特别是无线网络的使用更加简便,相信大家都可以很轻松地在 Windows 7 中连接网络,享受 Windows 7 为我们带来的网络使用新体验。

复习题

1. 不是用于 PC 的桌面操作系统是_____。
   A. Mac Os   B. Windows 7   C. Android   D. Linux
2. 能够提供即时信息访问常用工具的桌面元素是_____。
   A. 桌面图标   B. 桌面小工具   C. 任务栏   D. 桌面背景
3. Windows 7 的桌面上,任务栏中最左侧的一个按钮是_____。
   A. "打开"按钮   B. "还原"按钮   C. "开始"按钮   D. "确定"按钮
4. 利用 Windows 7 "搜索"功能查找文件时,下列说法正确的是_____。
   A. 要求被查找的文件必须是文本文件
   B. 根据日期查找时,必须输入文件的最后修改日期
   C. 根据文件名查找时,至少需要输入文件名的一部分或通配符
   D. 被用户设置为隐藏的文件,只要符合查找条件,在任何情况下都能被找出来
5. 在 Windows 7 中,可以移动窗口位置的操作是_____。
   A. 用鼠标拖动窗口的菜单栏   B. 用鼠标拖动窗口的标题栏
   C. 用鼠标拖动窗口的边框   D. 用鼠标拖动窗口的工作区
6. 在 Windows 7 资源管理器中,要把 C 盘上的某个文件夹或文件移到 D 盘上,用鼠标操作时应该_____。
   A. 直接拖动   B. 双击   C. Shift+拖动   D. Ctrl+拖动
7. 在 Windows 7 资源管理器中,下列关于新建文件夹的正确做法:在右窗格的空白区域_____。
   A. 单击鼠标左键,在弹出的菜单中选择"新建→文件夹"
   B. 单击鼠标右键,在弹出的菜单中选择"新建→文件夹"
   C. 双击鼠标左键,在弹出的菜单中选择"新建→文件夹"
   D. 三击鼠标左键,在弹出的菜单中选择"新建→文件夹"
8. 用户在运行某些应用程序时,若程序运行界面在屏幕上的显示不完整时,正确的做法是_____。
   A. 升级 CPU 或内存
   B. 更改窗口的字体、大小、颜色

C. 升级硬盘

D. 更改系统显示属性,重新设置分辨率

9. 利用"控制面板"的"程序和功能"_____。

　　A. 可以删除 Windows 组件　　B. 可以删除 Windows 硬件驱动程序

　　C. 可以删除 Word 文档模板　　D. 可以删除程序的快捷方式

10. 在 Windows 7 的窗口中,单击最小化按钮后_____。

　　A. 当前窗口将消失　　　　　　B. 当前窗口被关闭

　　C. 当前窗口缩小为图标　　　　D. 打开控制菜单

11. 自己动手设置电脑的屏幕分辨率,看看有什么变化;并尝试对桌面图标进行设置(大图标、小图标等)。

12. ① 为桌面设置背景为"Aero"主题中的"风景"图片,更改图片时间间隔为5分钟,无序播放;

　　② 设置窗口颜色为"淡紫色";

　　③ 为桌面设置"知识就是力量"的三维文字屏幕保护程序,等待的时间为1分钟;

　　④ 设置任务栏为自动隐藏。

13. 在开始菜单中,最近运行的程序列表是会变化的,而如果有一些经常使用的程序,如何将其固定在开始菜单上?

14. Windows 7 的资源管理器与 Windows XP 相比,有哪些值得大家学习的新功能?

第 2 章   Word 2010

学习目标

◎ 了解 Word 2010 的功能和发展,文档的样式和模板。
◎ 熟悉 Word 2010 的运行环境、启动、退出,文档的打印。
◎ 掌握 Word 2010 文档的文字编辑、格式设置等操作。
◎ 掌握 Word 2010 的表格创建、编辑、修饰等操作。
◎ 掌握 Word 2010 中图片的插入、编辑和图文混排方法。

Microsoft Office 是美国微软公司开发的、全面支持简繁体中文的办公自动化套装软件,主要版本有 Office 2000/2003/2007/2010 等,它包括 Word、Excel、PowerPoint、Access 等应用软件。

通过本章的学习,使学生了解 Word 2010 的基本功能,掌握 Word 2010 文档的文字编辑、格式设置等操作,熟悉图文排版、表格制作、图形处理以及文档打印等功能,并且将所学方法灵活运用到日常生活中。

§2.1   Word 2010 基本知识

Word 2010 是 Office 2010 中的核心成员之一,它是文字处理软件,能够进行图文排版、编写日常办公所用的文档,具有图、文、表格混排功能,易学易用,是当前深受广大用户欢迎的文字处理软件之一。

2.1.1   Word 2010 的主要功能

Word 2010 的主要功能有以下几个方面。

1. 文档管理功能

实现文档的建立、以多种格式保存文档、文档自动保存、文档的加密和意外情况恢复等,以确保文档的安全、通用。

2. 文字编辑功能

实现文档内容的多种途径输入、自动更正错误、拼写检查、简繁体转换、大小写转换、查找与替换等,以提高编辑效率。

3. 格式编排功能

提供对字体、段落、页面的多种排版格式。

4. 表格处理功能

提供表格建立、编辑、格式化、统计、排序以及生成统计图等操作,可将文本转换成表格,也可将表格转换成文本。

5. 图文处理功能

实现建立、插入多种形式的图形,对图形进行编辑、格式化、图文混排等操作。

6. 帮助功能

提供"Microsoft Word 帮助",可以为用户解决操作中遇到的疑难和困惑。

2.1.2 Word 2010 的启动与退出

1. 启动 Word 2010

在 Windows 7 桌面中,单击任务栏左端的"开始"→"所有程序"→"Microsoft Office"→"Microsoft Office Word 2010"命令按钮,即可启动 Word 2010。如果桌面上存在 Word 2010 快捷图标,可用双击快捷图标的方式来启动。

启动 Word 2010 后,屏幕显示 Word 2010 的工作窗口,如图 2-1 所示。

2. 退出 Word 2010

单击 Word 2010 窗口上的"文件"→"关闭"选项,可退出 Word 2010。如果只打开一个或没打开 Word 2010 文档,则双击 Word 2010 窗口标题栏最左侧的应用程序窗口标识,或单击 Word 2010 窗口标题栏最右侧的"关闭"按钮,均可退出 Word 2010。

2.1.3 Word 2010 工作窗口的基本构成元素

启动 Word 2010 后,即打开了名为"文档 1"的 Word 2010 窗口,Word 2010 窗口主要由标题栏、"文件"按钮和选项卡、功能区、标尺、文档编辑区、滚动条和状态栏等组成,如图 2-1 所示。

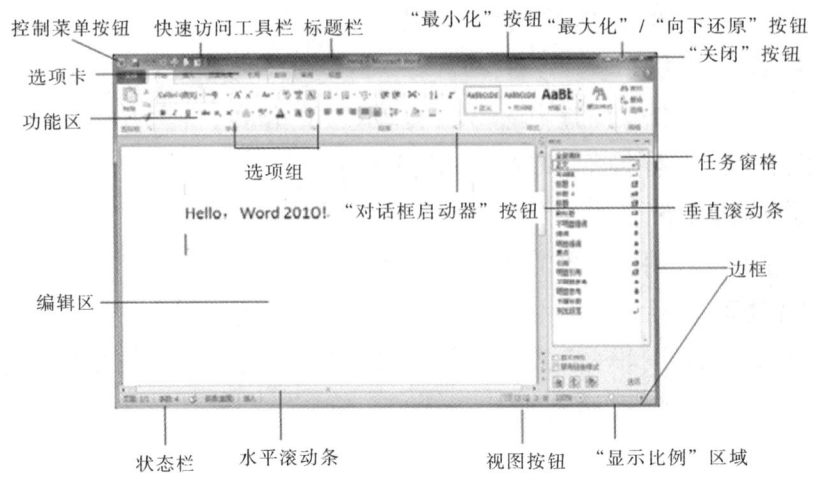

图 2-1　Word 2010 窗口

1. 标题栏

标题栏是 Word 2010 窗口最上端的一栏,显示当前正在编辑的文档名称和 Microsoft Word 应用程序名,在标题栏上自左至右显示的是:控制菜单按钮、快速访问工具栏、当前正在编辑的文档名称(如"文档 1")、应用名称 Microsoft Word、"最小化""最大化/向下还原"和"关闭"按钮。

单击"最小化"按钮可使 Word 2010 窗口缩小成 Windows 任务栏中的一个任务按钮;单击"最大化"按钮可使 Word 2010 窗口最大化成整个屏幕,此时"最大化"按钮改变为"向下还原"按钮;单击"向下还原"按钮使 Word 2010 窗口恢复到原来窗口大小,此时,"向下还原"按钮又改变为"最大化"按钮;单击"关闭"按钮可退出 Word 2010 程序。

2. "文件"按钮和选项卡

位于标题栏下方,单击"文件"按钮(选项卡),可以在打开的菜单中,针对文档进行新建、打开、保存和打印等操作。

在"文件"按钮右侧排列了 7 个选项卡,分别为"开始""插入""页面布局""引用""邮件""审阅"和"视图"选项卡,都是针对文档内容进行操作的。单击不同的选项卡,可以得到不同的操作设置选项。例如,"开始"选项卡中主要包括了剪贴板、字体、段落、样式等功能区;"插入"选项卡中主要有插入页、表格、图、链接、页眉和页脚、文本、符号等功能。

3. 功能区

显示不同选项卡中包含的操作命令组。"开始"选项卡中有剪贴板、字体、段落、样式等功能区。功能区操作命令组右下角带有"↘"标记的按钮,表示有命令设置对话框。单击该按钮会显示相应的设置对话框。

4. 标尺

标尺有水平和垂直两种。在普通视图下只能显示水平标尺,只有在页面视图下才能同时显示两种标尺。利用标尺可以进行文本定位、改变段落的缩进、调整页边距、改变栏宽、设置制表位等。

5. 文档编辑区

文档编辑区是指功能区以下和状态栏以上的一个区域。在 Word 2010 窗口的编辑区中可以打开一个文档,并对它进行文本输入、编辑或排版等。编辑区中有一个闪烁的竖线光标,表示当前插入点。按一次回车键即结束一个段落,每个段落结束有一个段落标志。选择"开始"→"段落"→"显示/隐藏编辑标记"命令,可以显示或隐藏段落标记。

6. 滚动条

滚动条分为水平和垂直滚动条,位于文档编辑区的底端和右侧。使用鼠标拖动滚动条中的滑块或单击滚动条两端的滚动箭头按钮,可以使文档横向、纵向移动,快速显示屏幕内容。

7. 状态栏

状态栏位于 Word 2010 窗口的最下端,它用来显示当前的一些状态,左侧显示当前光标插入点位置、总页数、总字数以及当前光标位置内容的"插入/改写"按钮,右侧显示模式快捷按钮和比例尺等。

2.1.4 Word 2010 帮助命令的使用

选择窗口右上角的"Microsoft Word 帮助"命令或直接按"F1"键,将会弹出"Word 帮助"窗口。在这个窗口中,列出了可以获得帮助的内容和方法,单击"目录"中的相关内容就可以找到相应的帮助说明。

§2.2 Word 2010 文档操作

Word 2010 具有强大的文字处理能力,可以创建文档、保存文档,创建文档后可对其文本内容进行插入、移动、复制、删除、查找与替换等基本编辑操作,可对文本进行字符格式设置和段落格式设置,Word 2010 可对页面版式进行设置。

2.2.1 创建文档

当启动 Word 2010 后,它就自动打开一个新的空白文档并暂时命名为"文档1",对以后新建的文档以创建的顺序依次命名为"文档2""文档3"等。每一个新建文档对应一个独立的窗口。新建文档的常用的操作方法有以下几种。

1. 使用功能菜单创建

(1) 单击"文件"→"新建"命令,将会显示"新建文档"任务窗口,如图2-2所示。Word 2010 提供了"空白文档""博客文章""书法字帖"等可用模板,还列出"Office.com"网站上的一些文档模板,如"报表""标签""贺卡"等。

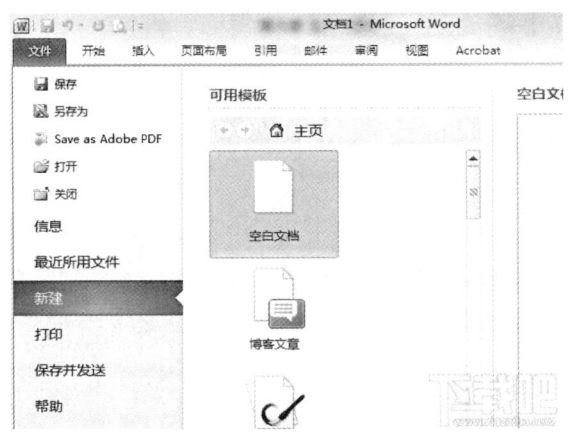

图 2-2　新建文档窗口

(2) 选择"可用模板"区的"空白文档"选项,再单击右侧的"创建"按钮,即可创建一个新的空白文档。

2. 使用快速访问工具栏创建

单击自定义快速访问工具栏后面的下拉按钮,在弹出的菜单中选择"新建"命令,将在快速访问工具栏中添加"新建"按钮,然后单击该按钮即可创建一个新的空白文档。

3. 使用快捷键创建

按快捷键"Ctrl+N"即可创建一个新的空白文档。

2.2.2 保存文档

对文档操作完成后,应及时保存文档,常用的操作方法有以下几种。

1. 使用功能菜单保存

(1) 单击"文件"→"保存"命令,弹出"另存为"对话框,如图2-3所示(对新建文档第一次进行保存操作时,会打开该对话框)。

(2)在"另存为"对话框中选择保存位置和"保存类型",在"文件名"文本框中输入具体的文件名,然后单击"保存"按钮。其默认的文件扩展名为".docx"。

2. 单击快速访问工具栏中"保存"按钮

3. 使用快捷键"Ctrl+S"保存

文档保存后,该文档窗口并没有关闭,可以继续输入或编辑该文档。

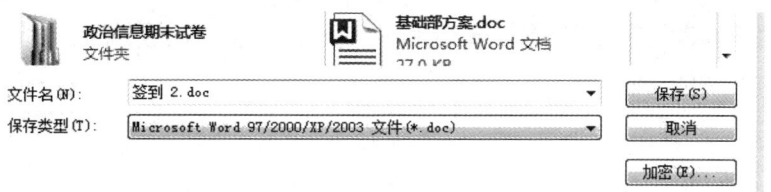

图 2-3 "另存为"对话框

2.2.3 打开文档

打开文档是指在 Word 2010 程序中,将已经存储在磁盘上的文档装入计算机内存,并显示在编辑区。

在 Windows 中使用"计算机"或"资源管理器"浏览文件夹或文件后,双击文档名即可启动 Word 2010 并打开该文档。

在 Word 2010 窗口中打开已经保存的文档,可使用以下方法。

(1)单击"文件"→"打开"命令,弹出"打开"对话框,如图 2-4 所示。

图 2-4 "打开"对话框

(2)在该对话框的"查找范围"列表框中选择要打开文档所在的位置,在文件名列表框中选择文件,再单击"打开"按钮。

单击"文件"→"最近所用文件"命令,可以快速访问最近使用的文档。

如果选定多个文档名,则可同时打开多个文档。Word 2010 能够识别很多由其他软件创建的文件格式,并且在打开这类文档时自动转换文档。

2.2.4 关闭文档

可选择"文件"→"关闭"命令,或单击窗口右上角的"关闭"按钮图标来关闭打开的文档。如果当前文档在编辑后没有保存,关闭前将弹出提示框,询问是否保存对文档的更改。

§2.3 文本编辑和格式设置

新建一个空白文档后,就可输入文本了,在文档中输入中文,必须先切换到中文输入法。在窗口编辑区的左上角有一闪烁着的黑色竖条叫插入点,它表明输入的字符将出现的位置,当输入文本时,插入点自左向右移动。如果输入了一个错误的字符或汉字,可以按退格键(Backspace)删除该错字,然后继续再输入。

2.3.1 文本编辑

1. 输入文本和符号

(1) 输入文本。

在文档中输入文本时,必须先选择一种输入法,如单击屏幕右下角的输入法指示器选择"搜狗拼音"或"微软拼音"。Word 2010 有自动换行的功能,当输入到每行的末尾时不必按回车键,Word 2010 会自动换行,只有想要另起一个新的段落时才按回车键。按回车键表示一个段落的结束,新段落的开始。

切换到页面视图,将光标定位在第一段开始处输入,如图 2-5 所示内容。

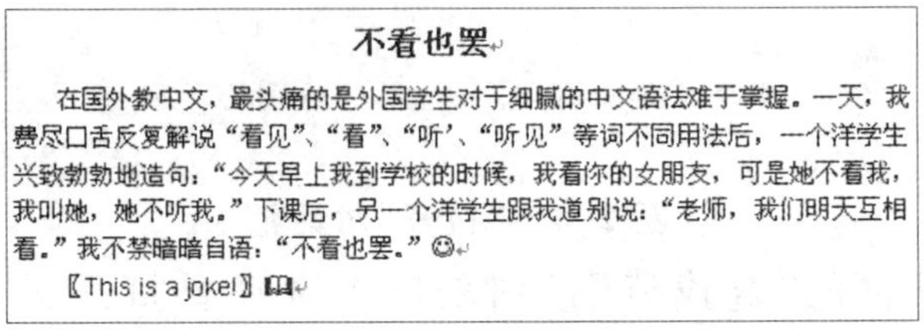

> **不看也罢**
> 在国外教中文,最头痛的是外国学生对于细腻的中文语法难于掌握。一天,我费尽口舌反复解说"看见"、"看"、"听"、"听见"等词不同用法后,一个洋学生兴致勃勃地造句:"今天早上我到学校的时候,我看你的女朋友,可是她不看我,我叫她,她不听我。"下课后,另一个洋学生跟我道别说:"老师,我们明天互相看。"我不禁暗暗自语:"不看也罢。"☺
> 《This is a joke!》📖

图 2-5 文本内容输入

(2) 输入特殊符号。

在输入文字时,有时可能需要输入一些键盘上没有的特殊符号,操作步骤如下:

单击"插入"选项卡→"符号"功能区→"符号"命令,在相应的"符号"对话框,选择所需符号即可。

(3) 输入日期和时间。

在 Word 2010 文档中,可以直接输入日期和时间,也可以使用"插入"→"文本"功能区中的"日期和时间"命令来插入日期和时间,插入时选择一种时间格式。

2. 选定文本

如果要复制和移动文本的某一部分,则首先应选定这部分文本,可以用鼠标或键盘来实现对选定文本的操作。

在文档中,鼠标指针显示为"I"形的区域是文档的编辑区;当鼠标指针移到文档编辑区左侧的空白区时,鼠标指针变成指向右上方的箭头"↗",这个区域称为文档的选定区。

(1) 用鼠标选定文本。

根据所选定文本区域的不同分以下几种情况。

① 选定任意大小的文本区:首先将"I"形鼠标指针移到所要选定文本区的开始处,然后拖动鼠标直到选定文本内容的结束处,这时,鼠标所拖动过的区域被选定。Word 2010 以反白显示被选定的文本。文本选定区域可以是一个字符或标点,也可以大到整篇文档。如果要取消选定区域,可以用鼠标单击文档的任意位置或按键盘上的箭头键。

② 选定大块文本:首先用鼠标指针单击选定区域的开始处,然后按住"Shift"键,再配合滚动条将文本翻到选定区域的末尾,再单击选定区域的末尾,则两次单击范围中包括的文本就被选定。

③ 选定矩形区域中的文本:将鼠标指针移到所选区域的左上角,按住"Alt"键,拖动鼠标直到区域的右下角,松开鼠标。

④ 选定一个单词:双击该单词。

⑤ 选定一个句子:按住"Ctrl"键,将鼠标指针移到所要选定句子的任意处单击一下。

⑥ 选定一行或多行:将"I"形鼠标指针移到待选定行左端的选定区,当鼠标指针变成指向右上方的箭头"↗"时,单击一下就可选定一行文本,拖动鼠标,可选定若干行文本。

⑦ 选定一个段落：将鼠标指针移到所要选定段落的任意行处连击三下，或者将鼠标指针移到所要选定段落左侧选定区，当鼠标指针变成指向右上方的箭头"⤴"时双击。

⑧ 选定整个文档：按住"Ctrl"键，将鼠标指针移到文档左侧的选定区单击一下，或者将鼠标指针移到文档左侧的选定区并连续快速三击鼠标左键，也可以选择"编辑"菜单中的"全选"命令或直接按快捷键"Ctrl+A"选定全文。

（2）用键盘选定文本。

当用键盘选定文本时，应首先将插入点移到所选文本区的开始处，按住"Shift"键不放，同时按"→""↓""←"或"↑"，移动光标拉到反白显示的选定范围，一直延伸到要选定文本的末尾，松开按键。

在这种方式下按"←""→"键分别选取插入点左边、右边的一个字符或汉字，按"↑""↓"键分别选取上、下一行。

3．插入、移动、复制与删除文本

（1）插入文本。

在编辑文档时，在文档的任意位置插入新的文字是很容易的，即将光标移动到需要插入新文字的位置，单击鼠标定位后输入文字即可。

有时需要插入的文本可能来自另外的文件，这时单击"插入"→"文本"选项命令，选择"对象"→"文件中的文字"选项，打开"插入文件"对话框，如图2-6所示，在该对话框中选择需要插入的文件，单击"插入"按钮即可将文件中的内容插入到当前文档中来。

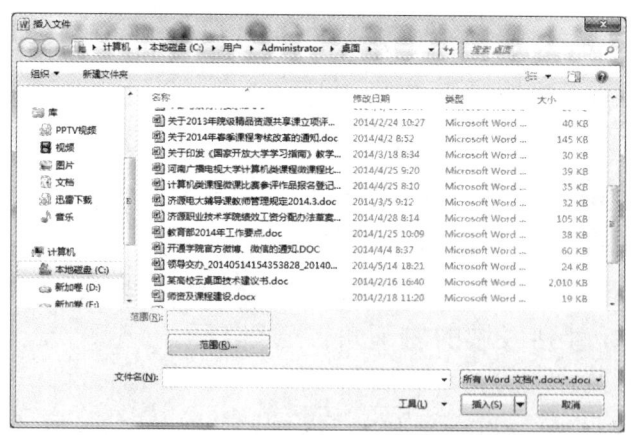

图 2-6 "插入文件"对话框

（2）移动文本。

在编辑文档的时候，经常需要将某些文本从一个位置移到另一个位置，以调整文档的结构。如果文本移动的距离较远，可使用快捷菜单中的"剪切"

和"粘贴"选项命令来完成;如果文本移动的距离较近,选定文本后,则使用鼠标拖动文本到新位置上即可。

操作步骤如下。

① 选定所要移动的文本。

② 右击选定的内容,在弹出的快捷菜单中单击"剪切"命令按钮,或单击"开始"选项卡中的"剪贴板"功能组中的"剪切"按钮,此时所选定的文本被剪切掉并临时保存在剪贴板之中。

③ 将光标移到文本的新位置,此新位置可以在当前文档中,也可以在另一个文档中,右击,在弹出的快捷菜单中单击"粘贴选项"之一,或单击"开始"选项卡中的"剪贴板"功能组中的"粘贴"按钮,或按快捷键"Ctrl+V",所选定的文本便移动到指定的新位置上。

(3) 复制文本。

有时,常常需要重复输入一些前面已经输入过的文本,使用复制操作可以减少输入错误、提高效率。复制文本与移动文本的操作类似,不同的是在第②步选择"复制"命令。若使用鼠标拖动方式进行复制,需在拖动鼠标时按住"Ctrl"键。

如果移动和复制操作频繁,使用快捷键不失为一种灵活的方法,其中,"剪切"命令为"Ctrl+X","复制"命令为"Ctrl+C","粘贴"命令为"Ctrl+V"。

(4) 删除文本。

① 按一个 Backspace 键可以删除光标左边的一个字符。

② 按一个 Delete 键可以删除光标右边的一个字符。

③ 删除连续文本,选中要删除的文本,按 Backspace 或 Delete。

4. 查找与替换文本

Word 2010 的查找功能不仅可以查找文档中的某一指定的文本,而且还可以查找特殊符号(如段落标记、制表符等)。

(1) 查找文本。

操作步骤如下:

单击"开始"选项卡→"编辑"功能区→"查找"命令按钮,或按快捷键"Ctrl+F",即可打开"导航"窗格,在"搜索文档"框中输入需要查找的内容,回车后即可显示所找到的文本,并加黄色底纹显示。"导航"窗格中显示搜索到的情况。

(2) 替换文本。

"查找"不仅仅是一种比"定位"更精确的定位方法,它还和"替换"密切配合对文档中出现的错字、词进行更正。有时,需要将文档中多次出现的某些字、词替换为另一个字、词,例如将"电脑"替换成"计算机"等,这时利用"替换"功能会收到很好的效果。"替换"的操作与"查找"操作类似,步骤如下。

① 单击"开始"选项→"编辑"功能区→"替换"命令按钮,或按快捷键"Ctrl＋H",即可打开"查找和替换"对话框,如图 2-7 所示。

② 在"查找内容"列表框中输入要查找的内容。

③ 在"替换为"列表框中输入要替换的内容。

④ 单击"查找下一处"开始查找,找到目标后显示。

⑤ 如果要替换,则单击"替换"按钮,否则再单击"查找下一处"继续查找。

反复进行第④、⑤两步可以边查找边替换。单击"全部替换"按钮可一次替换完毕。

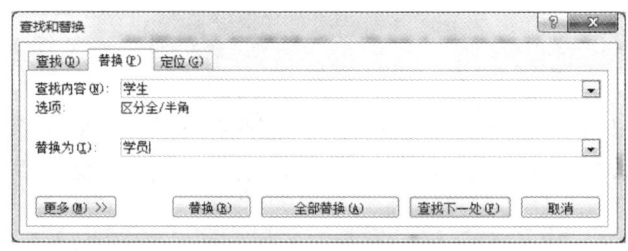

图 2-7 "查找和替换"对话框

5. 撤销与恢复操作

在进行编辑或格式化操作时,用户可以单击快速访问工具栏中的"撤销" 与"恢复" 操作命令,对操作步骤进行撤销与恢复。

2.3.2 文本格式设置

文本的格式包括字体、字形、字号、文字颜色、下划线、着重号、效果(删除线、阴影、上标、下标、阳文、阴文等)、文字间距和动态效果等。设置文本格式的方法有两种:一种是使用"开始"选项卡中"字体"功能区中的快捷按钮;另一种是单击"字体"功能区右下角的"↘"按钮,在弹出的"字体"对话框中设置字体。Word 2010 默认的字体格式:汉字为宋体、五号,西文为 Times New Roman、五号。

1. 使用"字体"功能区命令设置文本格式

通过"开始"选项卡中"字体"功能区中的命令按钮来设置文本格式:单击"字体"列表框的下拉按钮,单击选择需要的字体;单击"字号"列表框的下拉按钮,单击选择需要的字号;单击"字体颜色"按钮的下拉按钮,出现下拉颜色列表框,从中选择所需的颜色选项。

如果需要,则可单击"字体"功能区中的"加粗""倾斜""下划线""字符边框""字符底纹"或"字符缩放"等按钮,给所选的文字设置"加粗""倾斜""下划线"等相应格式。只不过用这种方法设置的字符边框、底纹和下划线都比较单一,没有线型和颜色的变化。

2. 使用"字体"对话框设置文本格式

单击"字体"功能区右下角的"↘"按钮,弹出"字体"对话框,如图 2-8 所示。在该对话框中设置字体,可以对文本的各种格式进行详细设置,它是一个非常有用的命令。

图 2-8 "字体"对话框

设置文本格式的操作步骤如下。

① 选定要设置格式的文本。

② 单击"开始"选项卡中"字体"功能区右下角的"↘"按钮,弹出"字体"对话框。

③ 在"字体"选项卡中,对字体、字形、字号和字体颜色进行设置,给选定文本加下划线,并可设置不同的线型和颜色;给文本加着重号,设置如删除线、双删除线、上标、下标、阴影、空心等文字效果,尤其是上、下标效果在简单的公式中很实用。

④ 在预览框中查看所设置的字体,确认后单击"确定"按钮。

注意:因为在选定要设置文本格式的文本可能是中、英文混合的。为了避免英文字体按中文字体来设置,可同时分别设置中、英文字体。

3. 改变字符间距

有时，由于排版的原因，需要改变字符间距。改变字符间距的操作步骤如下：

① 选定要改变字符间距的文本。

② 单击"开始"选项卡中"字体"功能区右下角的"↘"按钮，弹出"字体"对话框，单击"高级"选项卡，如图 2-9 所示。

③ 在"高级"选项卡的"缩放"列表框中可选择缩放的百分比。

④ 在"间距"列表框中有标准、加宽和紧缩三种间距，如选定加宽或紧缩时，应在其右边"磅值"框中填入具体的间距值。

⑤ 在"位置"列表框中有标准、提升和降低三种位置，选定提升或降低时，应在其右边"磅值"框中填入具体的提升值或降低值。

⑥ 设置后，可在"预览"框中查看设置结果，确认后单击"确定"按钮。

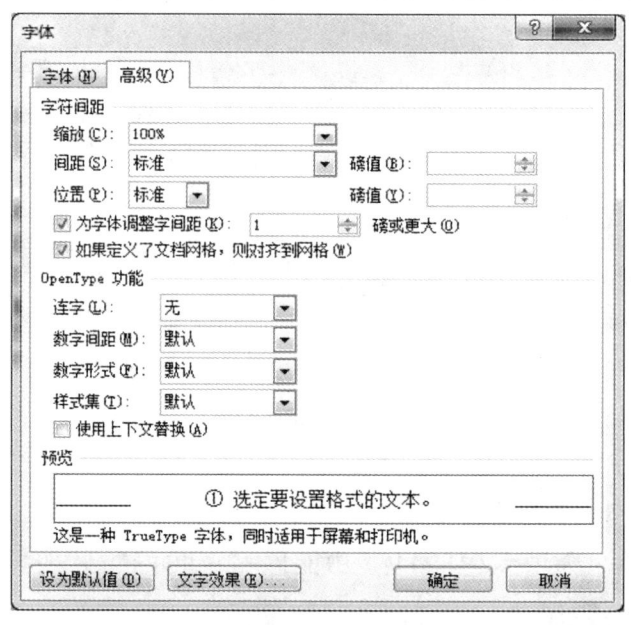

图 2-9 "字体"对话框——设置字符间距

4. 设置文本效果

"开始"选项卡"字体"功能区中的"文本效果"命令用来设置文本字符的应用外观效果，可以从轮廓、阴影、发光等方面来具体设置文本效果。这些效果有助于对文档的屏幕阅读，使字符更加醒目。

5. 格式的复制和清除

对一部分文字设置的格式可以复制到另一部分的文字上，使其具有同样的格式。设置好的格式如果觉得不满意，也可以清除它。使用"开始"选项卡

"剪贴板"功能区中的"格式刷"按钮,可以实现格式的快速复制。

复制格式的操作步骤如下。

① 选定已设置好格式的文本。

② 单击"剪贴板"功能区中的"格式刷"按钮,此时鼠标指针变为刷子形。

③ 将鼠标指针移到要复制格式的文本开始处。

④ 拖动鼠标直到要复制格式的文本结束处,松开鼠标左键就完成了格式的复制。

注意:上述方法的格式刷只能使用一次。如果想多次使用,应双击"格式刷",此时"格式刷"就可使用多次。如要取消"格式刷"功能,只要再单击一次"剪贴板"功能区中的"格式刷"按钮即可。

如果对于所设置的格式不满意,那么可以清除所设置的格式,恢复到 Word 2010 默认的状态。逆向使用格式刷可以清除已设置的格式。另外,也可以使用组合键清除格式。其操作步骤是选定要清除格式的文本,按组合键"Ctrl+Shift+Z"。

2.3.3 段落格式设置

一篇文章是否简洁、醒目和美观,除了文字格式的合理设置,段落的恰当编排也是很重要的。在 Word 2010 中,段落就是指以段落标记"↵"作为结束的一段文字,它是一个独立的格式编排单位,具有自身的格式特征,如对齐方式、缩进、间距、行距和分栏等。如果删除段落标记,那么下一段文本就连接到上一段的文本之后,成为上一段文本的一部分,其段落格式变成与上一段相同。

这里主要介绍段落的对齐方式、段落的缩进、段间距与行距的设置等编排技术。

1. 段落的对齐方式

段落的对齐方式有"两端对齐""左对齐""居中""右对齐"和"分散对齐"五种。在"段落"功能区中提供有这五个命令按钮,也可单击"段落"功能区右下角的"↘"按钮,打开"段落"对话框,如图 2-10 所示,在"缩进和间距"选项卡中的"常规"项中来设置段落的对齐方式。

设置段落对齐方式的操作步骤如下。

① 选定要设置对齐的段落。

② 单击在"段落"功能区中相应的对齐方式按钮,默认对齐方式为"两端对齐"。

2. 段落的缩进

段落的缩进方式有"左缩进""右缩进""首行缩进"和"悬挂缩进"。

纸张的边缘与文本之间的距离为页边距,段落的左边界是指段落的左端与页面左边距之间的距离,段落的右边界是指段落的右端与页面右边距之间的距离(以厘米或字符为单位)。Word 2010 默认以页面左、右边距为段落的左、右边界,即页面左边距与段落左边界重合,页面右边距与段落右边界重合。

改变段落的左缩进(或右缩进)将使段落的左边界(或右边界)增大或减小。

"首行缩进"表示段落中只有第一行缩进,在中文文章中一般都采用这种排版方式。

"悬挂缩进"则表示段落中除了第一行,其余各行都缩进。

段落的缩进可以用下面两种方法进行。

① 使用"段落"功能区命令。

单击"段落"功能区中的"减少缩进量"或"增加缩进量"按钮可减少或增加段落的左边界。用这种方法每次的缩进量是固定不变的,灵活性较差。

② 使用"段落"对话框。

单击"段落"功能区右下角的"↘"按钮,打开"段落"对话框,如图 2-10 所示,在其"缩进"选项中,单击"缩进"选项组下的"左侧"或"右侧"文本框右端的微调按钮,设定左、右边界的字符数。

注意:如果选择"对称缩进",则"左侧""右侧"分别变为"内侧""外侧"缩进。如果要以"厘米"为单位,则应将插入点移到"左侧"或"右侧"文本框中,直接输入左、右边界值(包括单位"厘米"二字)。

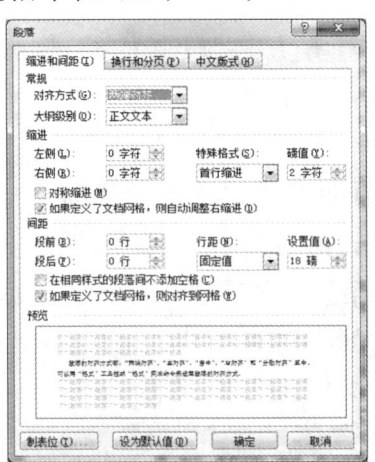

图 2-10 "段落"对话框

在"段落"对话框中的"特殊格式"列表框中选择"首行缩进"或"悬挂缩进"来确定段落首行的格式。

3. 段间距的设置

初学者常用按回车键插入空行的办法来增加段间距。显然,这是一种不规范的办法。实际上,可以使用"段落"对话框命令来精确设置段间距。

设置段间距的操作步骤如下。

① 选定要改变段间距的段落。

② 单击"段落"功能区右下角的"↘"按钮,打开"段落"对话框,如图2-10所示。

③ 单击"间距"选项中的"段前"和"段后"文本框右端的微调按钮,设定间距,每按一次增加或减少0.5行。也可以在文本框中直接输入数字和单位(如"厘米"或"磅")。

注意:"段前"选项表示所选段落与上一段之间的距离,"段后"选项表示所选段落与下一段之间的距离。

④ 查看预览框,确认后单击"确定"按钮。

4. 行距的设置

一般情况下,Word 2010会根据用户设置的字体大小自动调整段落内的行距。有时输入的文档不满一页,为了使页面显得饱满、美观,可以适当增加字间距和行距;有时输入的内容稍稍超过了一页(如多出了一、二行),为了节省纸张,可以适当减小行距。

设置行距的操作步骤如下。

① 选定要设置行距的段落。

② 单击"段落"功能区右下角的"↘"按钮,打开"段落"对话框,如图2-10所示。

③ 单击"行距"列表框下拉按钮,选择所需的行距选项。

④ 查看预览框,确认后单击"确定"按钮。

在Word 2010中行距选项有以下几种。

● "单倍行距"选项设置每行的高度为可容纳这行中最大的字体,并上下留有适当的空隙。这是默认值。

● "1.5倍行距"选项设置每行的高度为这行中最大字体高度的1.5倍。

● "2倍行距"选项设置每行的高度为这行中最大字体高度的2倍。

● "最小值"选项设置Word 2010将自动调整高度以容纳最大字体。

● "固定值"选项设置成固定的行距,Word 2010不能调节。

- "多倍行距"选项允许行距设置成带小数的倍数,如 2.25 倍等。

只有在后三种选项中,在"设置值"框中要输入具体的设置值,如 20 磅。

§2.4　Word 2010 版面设置

2.4.1　版面视图

视图是查看文档的方式,Word 2010 有五种视图:页面视图、阅读版式视图、Web 版式视图、大纲视图和草稿,单击"视图"选项卡的"文档视图"功能区中的视图按钮即可切换到相应视图状态下,如图 2-11 所示。

图 2-11　"文档视图"

1. 页面视图

页面视图主要适用于版面设计,页面视图显示所得文档的每一页面都与打印所得的页面相同,即"所见即所得"。在页面视图下可以像在普通视图下一样输入、编辑和排版文档,还可以处理页边距、文本框、分栏、页眉和页脚、图片和图形等。

2. 阅读版式视图

阅读版式视图适用于阅读文档。在阅读版式视图中会隐藏除"阅读版式"和"审阅"工具栏以外的所有工具栏,文本是采用 Microsoft ClearType 技术自动显示的,可以方便增大或减小文本显示区域的尺寸,而不会影响文档中的字体大小。

3. Web 版式视图

使用 Web 版式视图,可在 Word 2010 中直接查看 Web 页在 Web 浏览器中的效果。

4. 大纲视图

大纲视图适用于编辑文档的大纲,以便能审阅和修改文档的结构。

5. 草稿

草稿多适用于文字处理工作,如输入、编辑、格式的编排和插入图片等,但在普通视图下不能插入页眉、页脚,不能分栏、首字下沉,绘制图形的效果不能真正显示出来。

对文档的操作需求不同可以采用不同的视图。

2.4.2 版面格式设置

1. 编号与项目符号

编排文档时,在某些段落前加上编号或项目符号,使文章层次分明,条理清楚,便于阅读和理解。手工输入段落编号或项目符号不仅效率不高,而且在增、删段落时还需修改编号顺序,容易出错。

(1) 添加编号或项目符号。

操作步骤如下。

① 选定需要加编号或项目符号的段落。

② 单击"开始"选项卡中"段落"功能区中的"编号"或"项目符号"命令按钮,即可加上默认的"编号"或"项目符号"。

③ 如果需要修改"编号"或"项目符号"样式,需要单击上述命令右侧的下拉按钮,即可打开编号库,如图 2-12 所示,在该下拉选项中选择需要的样式。

注意:Word 2010 提供了"自动编号列表"和"自动项目符号列表"功能。如果在段落开始输入一个数字或字母,后面跟一个圆点、空格或制表符,输完一段按回车键后,Word 2010 在下一段自动插入编号。如果在段首输入"*"或连字符"—",后面跟空格或制表符,段落结束按回车键后,Word 2010 在下一段自动插入项目符号。

(2) 取消编号或项目符号。

如果要结束自动创建编号,那么可以按"Backspace"键删除插入点前的编号,或再按一次回车键即可。在这些建立了编号的段落中,删除或插入某一段落时,其余的段落编号会自动修改,不必人工干预。

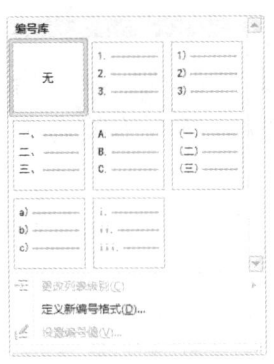

图 2-12　编号库

2. 首字下沉

有些文章用每段的首字下沉来替代每段的首行缩进，使文章醒目。使用"插入"选项卡中"文本"功能区中的"首字下沉"命令可以设置或取消首字下沉。

首字下沉的操作步骤如下。

① 将插入点移到要设置或取消首字下沉的段落的任意处。

② 在菜单栏中单击"文本"功能区→"首字下沉"命令按钮，打开"首字下沉"下拉框，如图 2-13 所示。

图 2-13　"首字下沉"下拉框

③ 在下拉选项窗口中有"无""下沉""悬挂"和"首字下沉选项"四种选项，选择"首字下沉选项"，打开"首字下沉"对话框，可具体设置下沉样式，如图 2-14 所示。

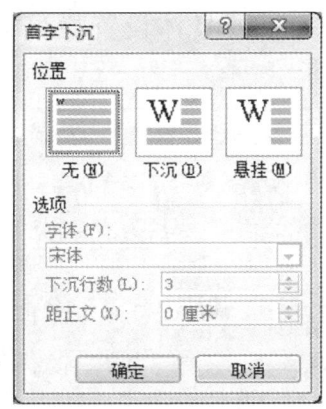

图 2-14 "首字下沉"对话框

④ 在"选项"组中选择首字的字体,填入下沉行数和距离后面正文的距离。

⑤ 单击"确定"按钮。

例子如图 2-15 所示。

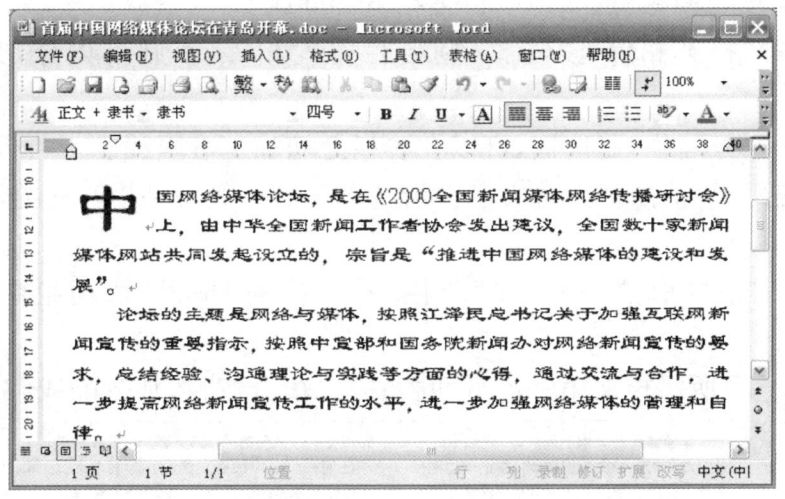

图 2-15 "首字下沉"样文

3. 分栏排版

分栏使得版面显得更为生动、活泼,可增强文档可读性。使用"页面布局"选项卡"页面设置"功能区中的"分栏"命令对文档进行分栏。

分栏排版的操作步骤如下。

① 如要对整个文档分栏,则将插入点移到文本的任意处;如要对部分段落分栏,则应先选定这些段落。

② 在"页面布局"选项卡中单击"页面设置"功能区→"分栏"命令按钮,打开"分栏"下拉框,分别有"一栏""两栏""三栏""偏左""偏右"和"更多分栏"等选

项,单击所需要的栏数选项,如果要具体设置栏目样式,单击"更多分栏",打开"分栏"对话框,如图 2-16 所示。

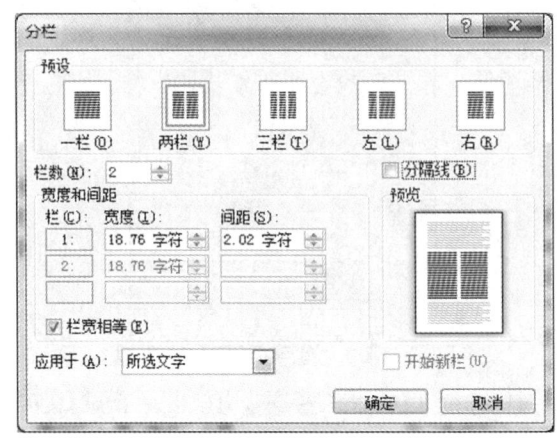

图 2-16 "分栏"对话框

③ 在"预设"选项组中选择需要的分栏格式,或在"栏数"微调框中输入分栏数,在"宽度与间距"选项组中设置栏宽和间距。

④ 选中"栏宽相等"复选框,则各栏宽度相等,否则可以分别设置各栏宽度。

⑤ 单击"分隔线"复选框,可以在各栏之间加一分隔线。

⑥ "应用于"范围:"所选文字""所选节"和"整篇文档"等,选定后单击"确定"按钮。

注意:如果要取消分栏,在"分栏"对话框的"预设"选项组中选"一栏"即可。

如图 2-17 所示样文第一段分两栏;第二段分三栏,加分隔线。

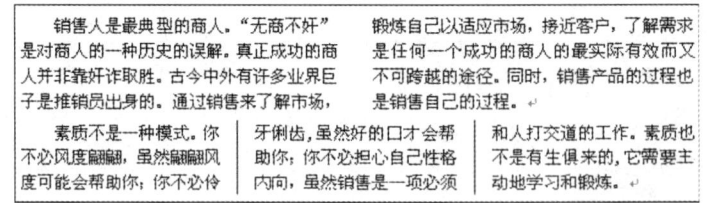

图 2-17 "分栏"样文

2.4.3 页面设置

在创建文档时,Word 2010 预设了一个以 A4 纸为基准的 Normal 模板,其版面几乎可以用于大部分文档。对于别的型号的纸张,用户可以按照需要重新设置页边距、每页的行数和每行的字数。此外,还可以给文档加页眉和页脚、插入页码和分栏等。

1. 页面设置

使用"页面布局"选项卡中的"页面设置"功能区的命令来设置纸张大小、页边距和方向等。

页面设置的操作步骤如下。

① 单击"页面设置"功能区右下角的"↘"按钮,打开"页面设置"对话框,如图 2-18 所示。对话框中包含有"页边距""纸张""版式"和"文档网格"四个选项卡。

图 2-18 "页面设置"对话框

② 在"页边距"选项卡中,可以设置上、下、左、右边距;"纸张方向"选项组中可选"纵向"或"横向",通常选"纵向";"页码范围"选项组中"多页"的页码范围有"普通""对称页边距""书籍折页"等多个选项。如果需要一个装订边,那么可以在"装订线"文本框中填入边距的数值,并选定"装订线位置"(如"左")。

③ 在"纸张"选项卡中,可以设置纸张大小和来源。单击"纸张大小"列表框下拉按钮,在标准纸张的列表中选择一项,也可选定"自定义大小",并在"宽度"和"高度"微调框中分别填入纸张的大小。

④ 在"版式"选项卡中,可设置页眉和页脚在文档中的编排,并根据需要选择"奇、偶页不同"或"首页不同"复选项,还可设置文本的垂直对齐方式等。

⑤ 在"文档网格"选项卡中,可设置每一页中的行数和每行的字符数,还可设置分栏数。

⑥ 设置后可查看预览框中的效果,最后单击"确定"按钮确认设置。

2. 分页

Word 2010 具有自动分页的功能,当输入的文本或插入的图形满一页时,Word 2010 会自动分页。有时为了将文档的某一部分内容单独形成一页,可以插入分页符进行人工分页。

插入分页符的操作步骤如下。

① 将插入点移到新的一页的开始位置。

② 按组合键"Ctrl+回车",也可以单击"插入"选项卡中"页"功能区→"分页"菜单命令,即可进行分页。单击该功能区中的"空白页"命令可产生一空白页。

如果想删除分页符,可将插入点移到该符号的水平虚线中,按"Delete"键即可。

3. 页眉和页脚

页眉和页脚分别是在每一页顶部和底部加入的注释性文字或图形。它不是随文本输入的,而是通过命令设置的。页码是最简单的页眉或页脚,页眉和页脚也可以比较复杂,如一般的教材中,单页的页眉是章节标题和页码,双页的页眉是书名和页码,没有页脚。在页脚中,可以设置作者的姓名、日期等。页眉和页脚只能在"页面视图"和"打印预览"方式下看见。

(1) 建立页眉和页脚。

页眉和页脚的建立方法一样,使用"插入"选项卡中的"页眉和页脚"功能区命令,单击"页眉"或"页脚"命令,打开页眉/页脚的下拉框,有内置的页眉/页脚样式可供选择,选择需要的样式并单击,功能区将会出现"页眉和页脚工具"的"设计"选项卡,如图 2-19 所示,此时可以输入页眉和页脚内容,完毕后在文档编辑区双击鼠标即可返回到文档编辑状态。

在页眉和页脚区双击鼠标可进入到页眉和页脚的编辑状态,此时可以进行页眉和页脚的具体设置。

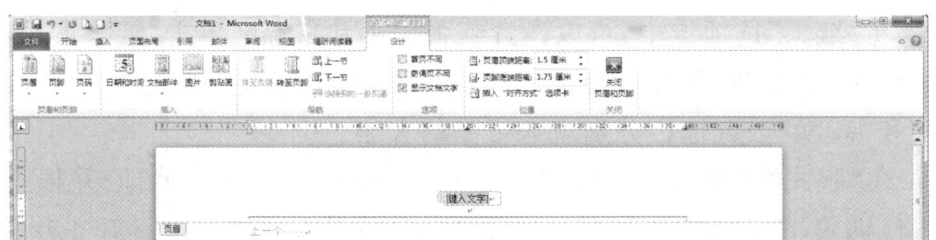

图 2-19 "页眉和页脚工具"选项卡及其功能区

(2) 删除页眉和页脚。

单击"插入"选项卡→"页眉和页脚"功能区→"页眉"或"页脚"命令,进入页眉和页脚编辑状态,选定页眉或页脚并按"Delete"键即可。

注意:页码是页眉和页脚的一部分,要删除页码必须进入页眉和页脚编辑区,选定页码并按"Delete"键。

(3) 插入页码。

如果希望在文档页中插入页码，可以单击"插入"选项卡中的"页眉和页脚"功能区→"页码"命令，在下拉框中选择页码相应的位置、格式等选项。

如果要更改页码的格式，可在上述下拉框中单击"设置页码格式"选项，打开"页码格式"对话框，如图 2-20 所示。在此对话框中设定页码格式并单击"确定"按钮返回。

只有在"页面视图"和"打印预览"方式下可以看到插入的页码，在其他视图下是看不到页码的。

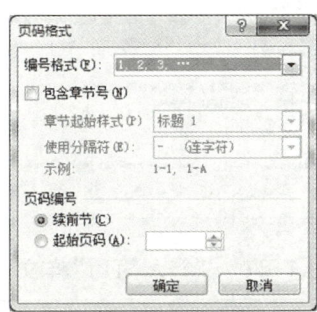

图 2-20 "页码格式"对话框

2.4.4 文字处理实例

1. 实例目的

个人简历编排（一）

赵文楠是会计电算化专业三年级的学生，是系学生会学习部的部长，这次要在迎新座谈会上作重点发言，所以他早早准备，决定先做一份个人简历，使大家能够很快了解他。

2. 实例要求

（1）使用 Word 2010 进行文字的编辑。

（2）利用"开始"选项卡的"字体"功能区命令进行字符格式、边框底纹设置。

（3）利用"开始"选项卡的"段落"功能区命令进行段落格式设置。

制作的样文效果如图 2-21 所示。

3. 操作步骤

（1）Word 2010 文档的建立、文本的输入、编辑。

单击"开始"→"所有程序"→"Microsoft Office"→"Microsoft Office Word 2010"命令，启动 Word 2010，在编辑区中输入"个人简历"的全文内容。如图

2-22 所示。

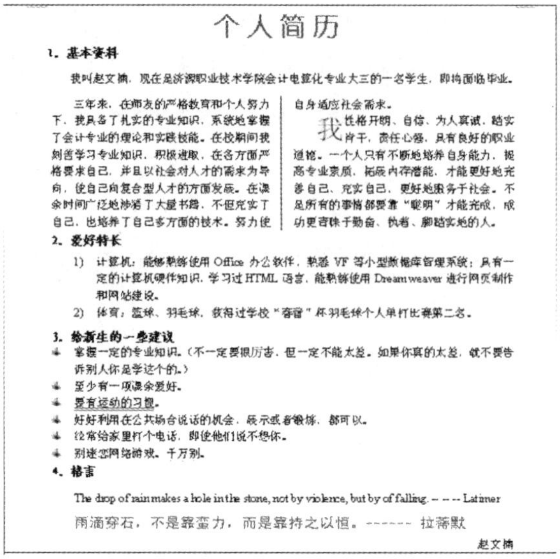

个人简历

1. 基本资料

我叫赵文楠，现在是济源职业技术学院会计电算化专业大三的一名学生，即将面临毕业。

三年来，在师友的严格教育和个人努力下，我具备了扎实的专业知识，系统地掌握了会计专业的理论和实践技能。在校期间我刻苦学习专业知识，积极进取，在各方面严格要求自己，并且以社会对人才的需求为导向，使自己向复合型人才的方面发展。在课余时间广泛地涉猎了大量书籍，不但充实了自己，也培养了自己多方面的技术。努力使自身适应社会需求。

我性格开朗、自信、为人真诚，踏实肯干，责任心强，具有良好的职业道德。一个人只有不断地培养自身能力，提高专业素质，拓展内存潜能，才能更好地完善自己、充实自己，更好地服务于社会。不是所有的事情都要靠“聪明”才能完成，成功更青睐于勤奋、执着、脚踏实地的人。

2. 爱好特长

1) 计算机：能够熟练使用 Office 办公软件，熟悉 VF 等小型数据库管理系统；具有一定的计算机硬件知识，学习过 HTML 语言，能熟练使用 Dreamweaver 进行网页制作和网站建设。

2) 体育：篮球、羽毛球，获得过学校“春蕾”杯羽毛球个人单打比赛第二名。

3. 给新生的一些建议

- 掌握一定的专业知识。(不一定要很厉害，但一定不能太差。如果你真的太差，就不要告诉别人你是学这个的。)
- 至少有一项课余爱好。
- 要有运动的习惯。
- 好好利用在公共场合说话的机会，展示或者锻炼，都可以。
- 经常给家里打个电话，即使他们说不想你。
- 别迷恋网络游戏。千万别。

4. 格言

The drop of rain makes a hole in the stone, not by violence, but by of falling. ------ Latimer

雨滴穿石，不是靠蛮力，而是靠持之以恒。------ 拉蒂默

赵文楠

图 2-21　“个人简历”样文 1

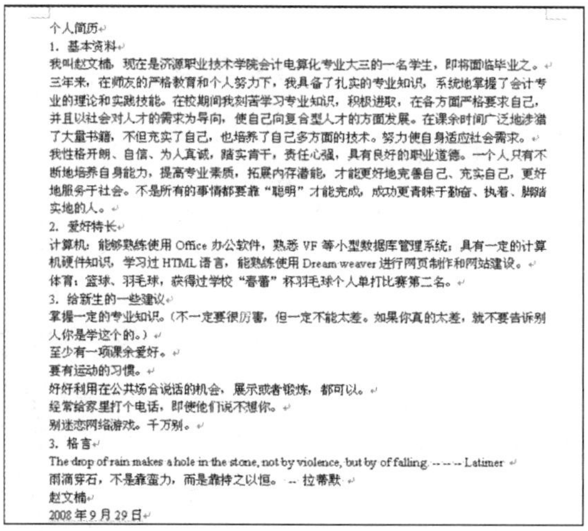

个人简历

1. 基本资料

我叫赵文楠，现在是济源职业技术学院会计电算化专业大三的一名学生，即将面临毕业之。

三年来，在师友的严格教育和个人努力下，我具备了扎实的专业知识，系统地掌握了会计专业的理论和实践技能。在校期间我刻苦学习专业知识，积极进取，在各方面严格要求自己，并且以社会对人才的需求为导向，使自己向复合型人才的方面发展。在课余时间广泛地涉猎了大量书籍，不但充实了自己，也培养了自己多方面的技术。努力使自身适应社会需求。

我性格开朗、自信、为人真诚，踏实肯干，责任心强，具有良好的职业道德。一个人只有不断地培养自身能力，提高专业素质，拓展内存潜能，才能更好地完善自己、充实自己，更好地服务于社会。不是所有的事情都要靠“聪明”才能完成，成功更青睐于勤奋、执着、脚踏实地的人。

2. 爱好特长

计算机：能够熟练使用 Office 办公软件，熟悉 VF 等小型数据库管理系统；具有一定的计算机硬件知识，学习过 HTML 语言，能熟练使用 Dream weaver 进行网页制作和网站建设。

体育：篮球、羽毛球，获得过学校“春蕾”杯羽毛球个人单打比赛第二名。

3. 给新生的一些建议

掌握一定的专业知识。(不一定要很厉害，但一定不能太差。如果你真的太差，就不要告诉别人你是学这个的。)

至少有一项课余爱好。

要有运动的习惯。

好好利用在公共场合说话的机会，展示或者锻炼，都可以。

经常给家里打个电话，即使他们说不想你。

别迷恋网络游戏。千万别。

3. 格言

The drop of rain makes a hole in the stone, not by violence, but by of falling. ------ Latimer

雨滴穿石，不是靠蛮力，而是靠持之以恒。-- 拉蒂默

赵文楠

2008 年 9 月 29 日

图 2-22　“个人简历”内容输入

(2) 标题段文字“个人简历”设置为“幼圆”“小一”“蓝色”格式，字符间距为“加宽”“3 磅”，文本居中。

操作步骤如下。

① 选定标题段文字“个人简历”，单击“开始”选项卡的“字体”功能区的相应命令按钮选择“幼圆”，“字号”选择“小一”，“字体颜色”选择“蓝色”。

② 单击“开始”选项卡的“字体”功能区右下角的“↘”按钮，打开“字体”对话框，在“高级”选项卡中，把“字符间距”项设置为“加宽”“3 磅”。

③ 单击“开始”选项卡的“段落”功能区中的“居中”对齐按钮。

(3) 正文一级标题格式设置为"仿宋_GB2312""小四""加粗"。

操作步骤如下。

选中文中各部分的标题(如"1. 基本资料""2. 爱好特长"),单击"开始"选项卡"字体"功能区的相应命令按钮,设置字体为"仿宋_GB2312","字号"选择"小四",字形"加粗"。

(4) 第 1 部分各段格式设置:"宋体""五号","首行缩进"为"2 字符"、"行距"为"单倍行距"、部分段落"分栏""首字下沉"等,如图 2-23 所示。

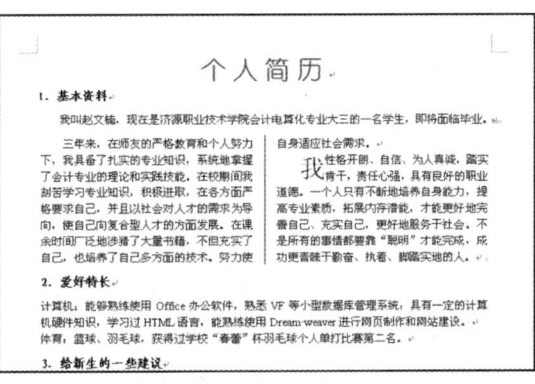

图 2-23 格式设置 1

操作步骤如下。

① 选定"1. 基本资料"下的三段文字,单击"开始"选项卡的"字体"功能区的相应命令按钮选择"宋体","字号"选择"五号"(此是默认项)。

② 单击"开始"选项卡的"段落"功能区右下角的"↘"按钮,在"段落"对话框中的"缩进和间距"选项卡中设置"首行缩进"为"2 字符"、"行距"为"单倍行距"。

③ 选中第 1 段,单击"开始"选项卡的"段落"功能区右下角的"↘"按钮,在"段落"对话框中的"缩进和间距"选项卡中设置"段后间距"为"0.5 行"。

④ 选中第 2~3 段,单击"页面布局"选项卡的"页面设置"功能区→"分栏"命令按钮,在"分栏"对话框中选择"两栏""栏宽相等"、有"分隔线"。

⑤ 选中第 3 段,单击"插入"选项卡"文本"功能区→"首字下沉"菜单命令,在"首字下沉"对话框中选择"下沉行数"为"2 行"。

(5) 第 2~3 部分各段格式设置:添加编号和项目符号,设置字体的特殊样式等。如图 2-24 所示。

操作步骤如下。

① 选定第 2 部分的各段文字,单击"开始"选项卡的"段落"功能区→"编号"菜单命令,在下拉框中选择编号类型。

② 选定第 3 部分的各段文字,单击"开始"选项卡的"段落"功能区→"项目符号"菜单命令,在下拉框中选择项目符号类型。

③ 选定第 3 部分的"要有运动的习惯"文字,单击"开始"选项卡的"字体"功能区→"下划线"菜单命令,选择"下划线线型"为"双直线",颜色为"绿色"。

④ 选定第 3 部分中的"千万别"文字,单击"开始"选项卡的"字体"功能区右下角的"↘"按钮,在"字体"对话框的"字体"选项卡中选择"着重号"。

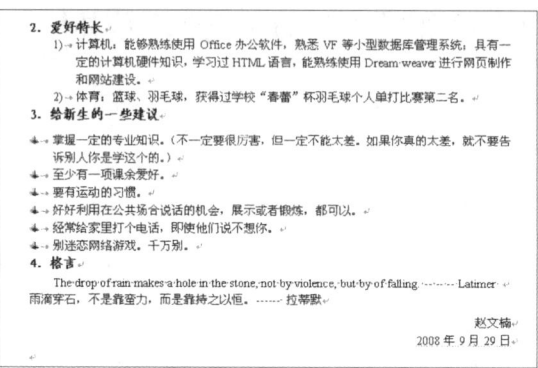

图 2-24　格式设置 2

(6) 第 4 部分各段格式设置:"首行缩进"为"2 字符"、"行距"为"1.5 倍行距",最后一段文字为"黑体""四号""红色",姓名、日期"右对齐",如图 2-25 所示。

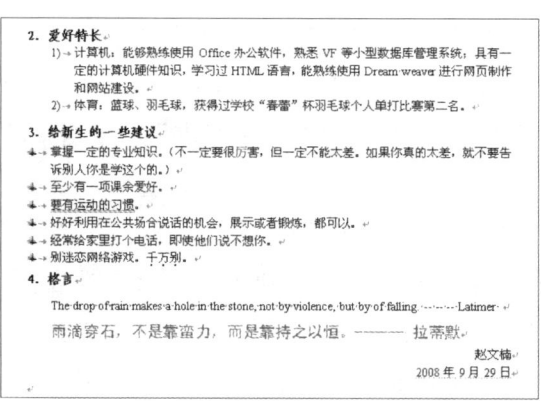

图 2-25　格式设置 3

操作步骤如下。

① 选定该部分最后一段文字,单击"开始"选项卡的"字体"功能区的命令按钮,选择"黑体""四号""红色"。

② 选定该部分所有段落,单击"开始"选项卡的"段落"功能区右下角的"↘"按钮,打开"段落"对话框,在该对话框中的"缩进和间距"选项卡中设置"首行缩进"为"2 字符"、"行距"为"1.5 倍行距"。

③ 选择姓名、日期段，单击"开始"选项卡的"段落"功能区中的"文本右对齐"按钮，如图 2-25 所示。

（7）文档的保存，上述内容做完后，以"个人简历"为文件名保存到电脑的 D 盘下。

§2.5 表格制作

在文档中，常常会用表格或统计图来表示一些数据，如考试成绩表、职工工资表等，它可以简明、直观地表达一份文件或报告的内容。Word 2010 提供了丰富的表格功能，不仅可以快速创建表格，而且还可以对表格进行编辑、修改和格式的设置等。这些功能大大方便了用户，使得表格的制作和排版变得比较容易、简单。

2.5.1 创建表格

1. 自动创建简单表格

所谓简单表格是指由多行和多列构成的表格，表格中只有横线和竖线，不出现斜线。创建简单表格的常用方法如下。

（1）单击"插入"选项卡的"表格"功能区的"表格"按钮创建表格。

操作步骤如下。

① 将插入点置于文档中要插入表格的位置。

② 单击"插入"选项卡的"表格"功能区的"表格"按钮，出现如图 2-26 所示的表格模式。

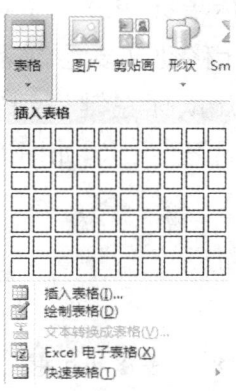

图 2-26 表格模式

③ 在表格模式中拖动鼠标，选择所需的行数和列数，松开鼠标后即可在插入点处插入一张表格。

(2) 用"插入表格…"命令创建表格。

操作步骤如下。

① 将插入点置于要插入表格的位置。

② 单击"插入"选项卡的"表格"功能区的"表格"按钮，在下拉框中选择"插入表格…"选项，打开如图 2-27 所示的"插入表格"对话框。

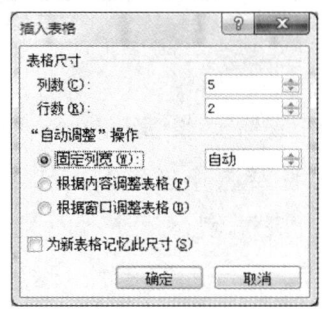

图 2-27 "插入表格"对话框

③ 在"行数"和"列数"微调框中分别输入所需的行、列数。"自动调整"操作中默认为"固定列宽"。

④ 单击"确定"按钮，即可在插入点处插入表格。

2. 手工绘制复杂表格

有的表格除横、竖线外还包含斜线，Word 2010 提供了绘制这种不规则表格的功能。可以单击"插入"选项卡的"表格"功能区的"表格"按钮，在其下拉框中选择"绘制表格"选项命令。

手工绘制复杂表格的操作步骤如下。

① 单击"插入"选项卡的"表格"功能区的"表格"按钮，在其下拉框中选择"绘制表格"选项命令，此时鼠标指针变成一个铅笔形状。

② 将铅笔形状的鼠标指针移动到要绘制表格的位置，按住鼠标左键拖动鼠标绘出表格的外框虚线，松开鼠标左键得到实线的表格外框。此时功能区出现"表格工具"的"设计""布局"选项卡，如图 2-28 所示。

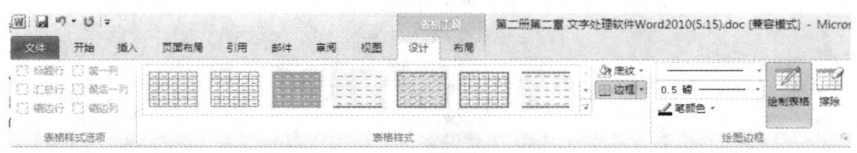

图 2-28 "表格和边框"工具栏

③ 拖动鼠标笔形指针，在表格中绘制水平或垂直线，也可以将鼠标指针

移到单元格的一角向其对角画斜线。

④ 可以使用"设计""布局"选项卡功能区的命令,设置表格样式、插入、合并、删除单元格等。

2.5.2 编辑表格

表格创建后,通常要对它进行编辑与修饰。这里主要介绍选择表格,修改行高和列宽,插入或删除行或列,合并或拆分单元格,拆分表格,等等。

1. 选择表格

为了对表格进行修改,首先必须选择要修改的表格部分。选择表格的方法如下。

(1) 选择单元格:把鼠标指针移到要选择的单元格左边,当指针变为"➚"形状时,单击左键,就可以选择箭头所指的单元格。Word 2010 反白显示选择的单元格。(注意:单元格的选择与单元格内全部文字的选择的表现形式是不同的。)

(2) 选择表格的行:把鼠标指针移到文档窗口的选择区,当指针变为"➹"形状时,单击左键就可选择箭头所指的行。若要选择表格的连续多行,只要从开始行拖动鼠标到最后一行,松开鼠标左键即可。选择的行呈反白显示。

(3) 选择表格的列:把鼠标指针移到表格的顶端,当指针变为"⬇"形状时,单击左键就可选择箭头所指的列。若要选择表格的连续多列,只要从开始列拖动鼠标到最后一列,松开鼠标左键即可。选择的列呈反白显示。

(4) 选择表格:把鼠标指针移到表格左上角,这时出现表格的控制柄符号,鼠标指针变为上、下、左、右箭头"✥"形状时,单击表格的控制柄即可选择表格。当然,用上述拖动鼠标的方法也可以选择全表。

2. 修改行高和列宽

修改表格的行高和列宽的方法有拖动鼠标和使用菜单命令两种。一般情况下,Word 2010 能根据单元格中输入内容的多少自动调整行高,但也可以根据需要来修改它。调整行高和列宽的方法类似。下面以调整列宽为例,介绍其具体操作方法。

(1) 拖动鼠标修改表格的列宽。

操作步骤如下。

① 将鼠标"I"形指针移到表格的列边界线上,当鼠标指针变成调整列宽的指针时,按住鼠标左键,此时也出现一条上下垂直虚线。

② 拖动鼠标到所需的新位置,松开左键即可。如果想看到当前的列宽数

据,那么只要在拖动鼠标时按住"Alt"键,水平标尺上就会显示列宽的数据。

上述方法的另一种操作是:将插入点移到表格中,此时水平标尺上出现表格的列标记(水平标尺上的一个小方块),当鼠标指针指向列标记时会变成水平的双向箭头,按住鼠标左键拖动列标记即可改变列宽。用类似的方法也可以改变行高。

注意:拖动鼠标指针调整列宽时,整个表格大小不变,但表格线相邻的两列列宽均改变。如果在拖动鼠标指针调整列宽的同时按住"Shift"键,则表格线左侧的列宽改变,其他各列的列宽不变,表格大小改变。拖动表格大小控制点可以改变表格大小。

(2)用菜单命令改变列宽。

右击表格后出现快捷菜单,在其中选择"表格属性"命令可以设置包括行高或列宽在内的许多表格的属性。这种方法可以使行高或列宽的尺寸得到精确调整。

操作步骤如下。

① 选定要修改列宽的一列或数列。

② 右击表格后出现快捷菜单→"表格属性"菜单命令,打开"表格属性"对话框,在该对话框中选中"列"选项卡,如图 2-29 所示。

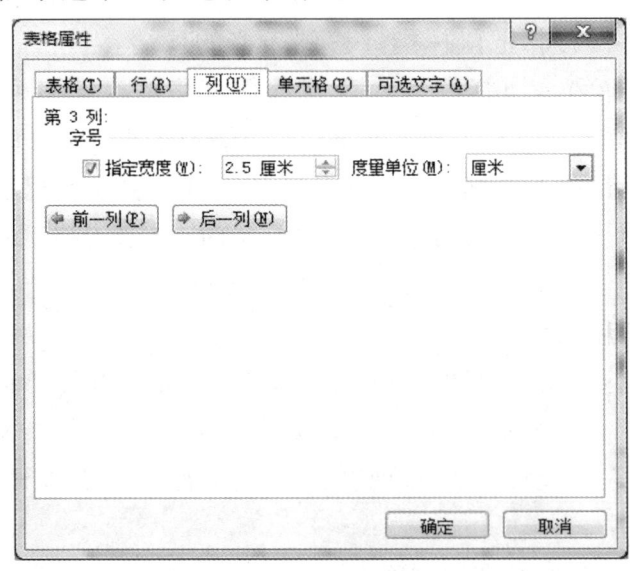

图 2-29 "表格属性"对话框

③ 单击"指定宽度"复选框,并在其后的微调框中输入列宽的数值,在"度量单位"下拉列表框中选定单位。

④ 单击"确定"按钮即可。

注意:单击"前一列"或"后一列"按钮可在不关闭对话框的情况下设置相邻的列宽。

3. 插入或删除行或列

在已有的表格中,有时需要增加一些空白行或空白列,或删除某些行或列,常用的操作方法有表格快捷菜单命令和"表格工具"功能区命令两种。

(1) 使用快捷菜单命令插入行或列。

右击表格任意单元格弹出快捷菜单,单击其中的"插入"命令,在弹出的下级菜单中选择插入,如图2-30所示。可以将空白行插入到选定行的上方或下方,将空白列插入到选定列的左侧或右侧。

注意:把插入点移到表格最右下角的单元格中按"Tab"键,或者把插入点移到表格最后一行的行结束符处,按回车键都可以在表格底部插入一空白行。

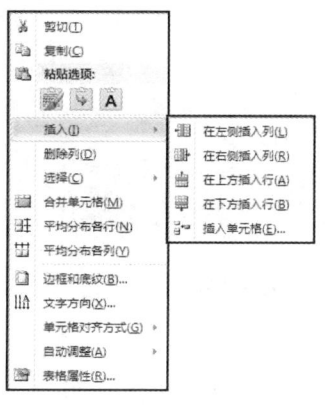

图 2-30 插入行或列

(2) 使用"表格工具"功能区命令插入行或列。

在表格中选定位置后,标题栏中出现"表格工具",选择"布局"选项卡→"行和列"功能区中的插入或删除命令。如图2-31所示。

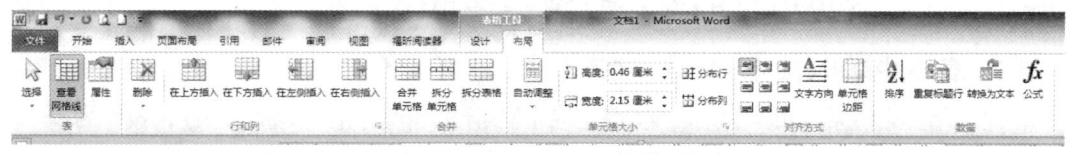

图 2-31 "表格工具""布局"选项卡

(3) 删除行或列。

如果想删除表格中的某些行或列,那么只要选定要删除的行或列,在表格中右击弹出快捷菜单→"删除"菜单命令即可。

4. 合并或拆分单元格

在简单表格的基础上,通过对单元格的合并或拆分可以建立比较复杂的表格。

(1) 合并单元格。

如果需要将表格的某一行或某一列的若干个单元格合并成一个大的单元格,那么,首先选定这些要合并的单元格,然后执行右击表格→"合并单元格"菜单命令,或者单击"表格工具"→"布局"→"合并"功能区中的"合并单元格"按钮,就可取消这些单元格之间的边线,合并成为一个大单元格。

(2) 拆分单元格。

如果要把某些单元格拆分成几个小的单元格,首先选定这些要拆分的单元格,然后右击快捷菜单→"拆分单元格"命令,打开"拆分单元格"对话框,如图 2-32 所示。在"列数"框中,输入要拆分的列数,也可以单击其右端的微调按钮来增加或减少列数,其默认值为 2。在"行数"框中输入行数,然后单击"确定"按钮。

图 2-32 "拆分单元格"对话框

5. 拆分表格

如果要拆分一个表格,需要先将插入点置于拆分后成为新表格第一行的任意单元格中,然后单击"表格工具"→"布局"→"合并"功能区中的"拆分表格"按钮,把表格拆分成两张表格。

如果要合并两个表格,只要删除两表格之间的换行符即可。

2.5.3 表格内容的输入和格式设置

1. 表格中输入文本

建立空表格后,可以将插入点移到表格的单元格中输入文本,因为单元格是一个编辑单元,当输入到单元格右边线时,单元格高度会自动增大,把输入的内容转到下一行。像编辑文本一样,如果要另起一段,应按回车键。

可以用鼠标在表格中移动插入点,也可以按"Tab"键将插入点移到下一单元格,按"Shift+Tab"键可将插入点移到上一单元格。按上、下箭头键可将插入点移到上、下一行。这样,可以将要输入的表格文本一一输入到相应的单元格中。

表格单元格中的文本像文档中的其他文本一样,可以使用选择、插入、删除、剪切和复制等基本编辑技术来编辑它们。

2. 表格中文本格式设置

表格中的文字同样可以用对文档文本排版的方法进行,如设置字体、字号、字形、颜色和左、中、右对齐方式等。此外,单元格对齐方式还可以在右击表格出现的快捷菜单中选择"单元格对齐方式"命令来设置,如图 2-33 所示,从 9 种对齐方式中选择一种。

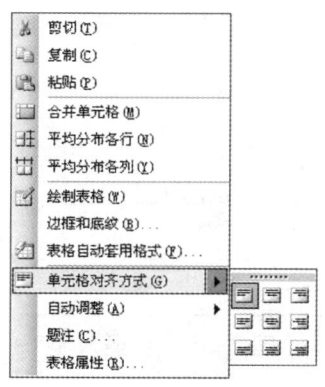

图 2-33 "单元格对齐方式"工具栏

3. 表格修饰

表格修饰主要包括设置表格边框和底纹。在表格中右击弹出快捷菜单→"边框和底纹"菜单项,打开"边框和底纹"对话框,如图 2-34 所示,分别在"边框""底纹"选项卡中设置表格样式。

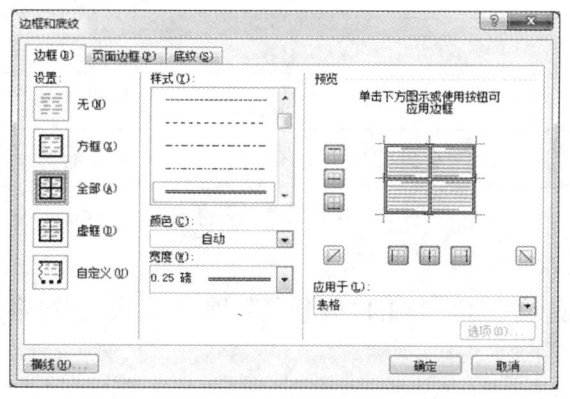

图 2-34 "边框和底纹"对话框

(1) 设置边框。

在"边框和底纹"对话框的"边框"选项卡中,在"设置"栏中进行表格边框样式选择,在"样式""颜色""宽度"项中分别设置线型、线的颜色、线的粗细,

"预览"框中显示表格的即时效果,如图 2-34 所示。

例如,将图 2-35 所示的普通表格设置为外框线为 0.5 磅蓝色双窄实线,内框线为 1 磅黑色单实线,第 1 行下框线为 1.5 磅黑色单实线的表格,设置好的表格如图 2-36 所示。

声音强度	人体感受
0～30 分贝	很静
30～50 分贝	安静
50～70 分贝	较静
70～90 分贝	较吵
90～110 分贝	很吵
110～130 分贝	感到疼痛
130～150 分贝	无法忍受

图 2-35 普通表格

声音强度	人体感受
0～30 分贝	很静
30～50 分贝	安静
50～70 分贝	较静
70～90 分贝	较吵
90～110 分贝	很吵
110～130 分贝	感到疼痛
130～150 分贝	无法忍受

图 2-36 设置好的表格

(2) 设置底纹。

利用"边框和底纹"对话框的"底纹"选项卡来设置表格底纹。

操作步骤如下。

① 选中要设置底纹的表格、行或列。

② 右击表格弹出快捷菜单→"边框和底纹"菜单项,打开如图 2-37 所示的"边框和底纹"对话框。

③ 单击"底纹"选项卡,选择"填充"的颜色或"图案"中的样式。

④ 单击"确定"按钮。

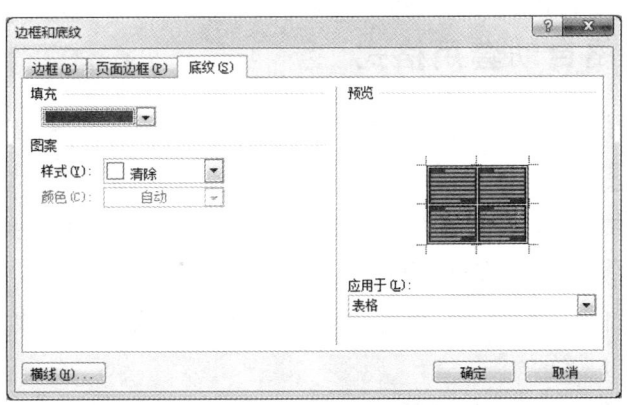

图 2-37 "边框和底纹"对话框

2.5.4 表格和文本的转换

在 Word 2010 中文本可以转换为表格,但转换为表格的文本必须含有一种文字分隔符号(如逗号、空格、制表符等)。

操作步骤如下。

① 选定待转换的文本,单击"插入"选项卡→"表格"功能区→"表格"命令按钮,在打开的下拉菜单中选择"将文字转换成表格"项,如图 2-38 所示。

② 在"表格尺寸"的"列数"数值框中输入相应数字,"文字分隔位置"选择一种符号(如本文中为"段落标记")。

③ 单击"确定"按钮即可。

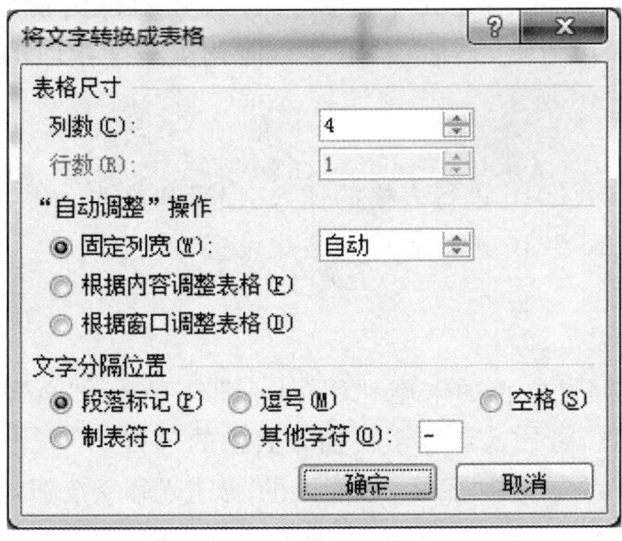

图 2-38 "将文字转换成表格"对话框

2.5.5 表格自动套用格式

表格创建之后,可以利用"表格工具""设计"选项卡中的"表格样式"功能区命令设置表格样式。这个命令预定义了许多表格的格式、字体、边框、底纹、颜色以供选择,使表格的排版变得轻松、容易。操作步骤如下。

将插入点移到要排版的表格内。

① 将光标定位于表格中,选择"表格工具"→"设计"选项卡→"表格样式"列表框,如图 2-39 所示。

② 在"表格样式"列表框中选定一种样式(如浅色底纹),并在"预览"框中查看排版效果。

③ 单击"应用"按钮。

图 2-39 "表格样式"列表框

2.5.6 表格制作实例

1. 实例目的

个人简历编排(二)

赵文楠觉得用文字描述还不足以将自己介绍得更清楚,便利用 Word 2010 的表格,让简历清晰、整洁、有条理。他花了一个小时的时间,建立了一张简历表,如图 2-40 所示。

2. 实例要求

(1) 利用 Word 2010 进行表格的插入、编辑和修改。

(2) 利用 Word 2010 进行表格的格式设置。

3. 操作步骤

(1) 插入表格。

① 在"个人简历"文档的末尾利用"插入"选项卡→"页"功能区→"分页"命令产生一个新页,将插入点置于要插入表格的位置。

② 单击"插入"选项卡"表格"功能区的"表格"命令按钮,在表格模式中拖动鼠标,选择 17 行 7 列,松开鼠标后即可在插入点处插入一张 17 行 7 列的表格。

(2) 编辑表格。

① 选定表格，拖动控制柄适当调整大小，使其占据整个页面的大部分。

② 对单元格进行合并、拆分：合并第 7 列的第 1～5 行单元格；分别合并第 3 行的第 3～4 列单元格和第 5～6 列单元格；分别合并第 4～5 行的 2～6 列单元格；分别合并第 6～7 行的第 3～4 列单元格和第 6～7 列单元格；分别合并第 8～15 行的第 2～4 列单元格和第 5～7 列单元格；分别合并第 16～17 行的第 2～7 列单元格。

（3）表格内容的输入和格式设置。

① 表格的框架做好后，进行内容的输入，设置字体、字号。

② 单元格内容的对齐方式设置：在右击表格出现的快捷菜单中选择"单元格对齐方式"命令，设置单元格内容为水平、垂直居中对齐。

（4）表格内容、格式设置完成后，预览，再统一调整效果。

个人简历一览表						
姓　　名		性别		民族		照片
出生日期		年龄		学历		
政治面貌		籍　　贯				
地址	学校通信地址：					
	家庭通信地址：					
电话	宿舍电话：			电子邮件：		
	家庭电话：			手机：		
所受教育程度	时　　间			学　　校		
获奖情况						
外语能力						
计算机使用水平	□计算机一般操作　　□具有编程能力　　□熟悉数据库　　□熟悉网页制作					

图 2-40　个人简历表格

§2.6 图文混排

Word 2010 不仅有强大的文字处理能力,同时也有很强的图形处理能力:既能在文档中插入图片,也能在文档中绘制图形,并且可以对这些图形进行编辑和修改。图文混排是 Word 2010 的特色功能之一。

2.6.1 插入图片

插入图片使用"插入"选项卡中的"插图"功能区命令,这些图片可以是剪贴画也可以是普通图片,还可以是由其他程序创建或从扫描仪、数码相机中获取的。

1. 插入剪贴画

Word 2010 提供了一个剪贴画任务窗格,可在该任务窗格中实现剪贴画的搜索和插入。

插入剪贴画的操作步骤如下。

① 将插入点移到要插入剪贴画的位置。

② 单击"插入"选项卡→"插图"功能区→"剪贴画"命令按钮,出现"剪贴画"任务窗格,如图 2-41 所示。

③ 在"搜索文字"项中输入所需剪贴画的单词或短语。

④ 搜索范围设定为"所有媒体文件类型"。

⑤ 单击"搜索"按钮,出现符合要求的剪贴画。

⑥ 单击所需的剪贴画即可插入它。

例如,查找"人物"剪贴画,在"搜索文字"项中输入"人物",设定搜索文字和结果类型后单击"搜索"按钮,则该类中所有的剪贴画全部显示出来,如图 2-41 所示。单击所需要的图片,该图片被插入到文档中,如图 2-42 所示。

图 2-41 "剪贴画"任务窗格

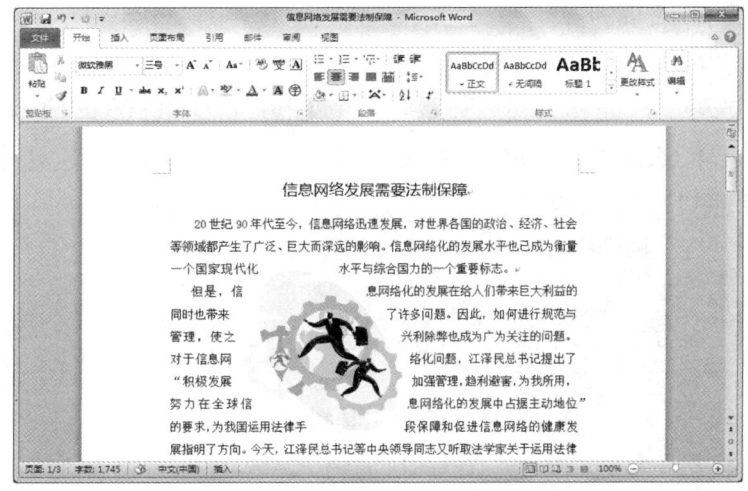

图 2-42 插入剪贴画效果

2．插入图片文件

用户可以在文档中插入图片文件。

插入图片文件的操作步骤如下。

① 将插入点移到要插入图片的位置。

② 单击"插入"选项卡→"插图"功能区→"图片"菜单命令，出现"插入图片"对话框，如图 2-43 所示。

③ 在"查找范围"列表框中选择图片所在文件夹。

④ 在"文件名"列表框中输入要插入图片的名称，"文件类型"选择相应的图片类型。

⑤ 单击"插入"按钮即可。

图 2-43 "插入图片"对话框

3. 设置图文混排方式

选定图片,图片周围会出现 8 个黑色(或空心)小方块,同时自动打开"图片工具格式"选项卡,如图 2-44 所示,利用"图片工具格式"选项卡中的命令可以设置图片的环绕方式、调整图像颜色、裁剪图片等,还可以进行图片的边框、图片效果、图片版式、自动换行、图片大小等相关设置。

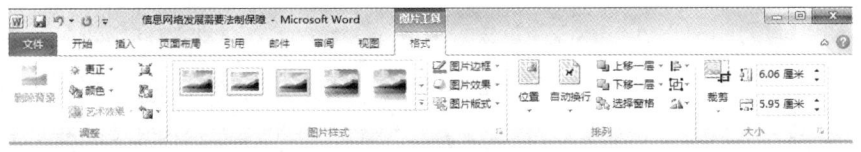

图 2-44 "图片工具格式"选项卡

以"自动换行"为例,单击"图片工具格式"选项卡中"排列"功能区"自动换行"的命令按钮,会打开下拉菜单,如图 2-45 所示,分别有"嵌入型""四周型环绕""紧密型环绕"和"穿越型环绕"等类型。用上述方法可以实现图文混排。

如图 2-46 所示的图文混排例子中,第一个图片,其环绕方式为"嵌入型",图片占一行,系统会自动根据图片大小调节行高;中间的图片为"四周型环绕",图片和文字排列紧凑,可以用鼠标拖动它改变位置。

图 2-45 "自动换行"对话框

图 2-46 图文混排样文

"衬于文字下方"环绕方式经常用于将图片设为背景,如图 2-47 所示。

图 2-47 图文混排样文

4. 编辑图片

当图片插入到文档以后,可根据需要对它进行大小调整、移动、复制、删除和其他格式的设置。

(1) 缩放图片。

单击图片,图片周围出现 8 个黑色(或空心)小方块,将鼠标指针移到小方块处,此时鼠标指针会变成水平、垂直或斜对角的双向箭头,按箭头方向拖动鼠标可以改变图片水平、垂直或斜对角方向的大小尺寸。上述缩放不精确,可以在"大小"选项卡中进行设置,输入精确尺寸对图片进行缩放。

(2) 裁剪图片。

缩放图片仅仅是将图片按比例放大或缩小,并不改变图片的内容。如果要裁剪图片中某一部分内容,可以使用"大小"选项卡中的"裁剪"按钮。

操作步骤如下。

① 单击选定需要裁剪的图片(注意:图片应为非"嵌入型"环绕方式),图片周围出现 8 个空心小方块。

② 单击"大小"选项卡中的"裁剪"按钮,此时文档中的图片被边框包围,表示裁剪工具已激活。

③ 将鼠标指针移到图片的小方块处,根据指针方向拖动鼠标,可裁去图片中不需要的部分。如果拖动鼠标的同时按住"Ctrl"键,那么可以对称裁剪图片。

(3) 编辑图片的图像特性。

① 调整图像的颜色。

单击"图片工具格式"选项卡(如图 2-44 所示)中"调整"功能区的"重新着色"命令按钮,打开其下拉列表框,选择其中的选项,可以将图片设置为多种其他效果,如"灰度""黑白"和"冲蚀"等。如图 2-48 所示。

图 2-48 "重新着色"下拉框

注意:当用图片作背景时,为不使它喧宾夺主、影响文本的观看效果,需要先将图片进行"冲蚀"处理,然后再设置其环绕方式为"衬于文字下方",如图 2-47 所示。

② 调整图像的亮度和对比度。

也可以通过单击"图片工具格式"选项卡中"调整"功能区中的"亮度""对比度"命令按钮,调整图像的亮度和对比度。

2.6.2 插入艺术字

使用艺术字可以在文档中呈现文字的特殊效果,并以图形方式置于文档中。

1. 插入艺术字

在文档中插入艺术字的操作步骤如下。

① 将光标移到文档中待插入艺术字处,单击"插入"选项卡→"文本"功能区→"艺术字"命令按钮,打开下拉框,如图 2-49 所示。

② 选择所需要的样式,单击"确定"后,Word 2010 将打开编辑"艺术字"文字区域,如图 2-50 所示。

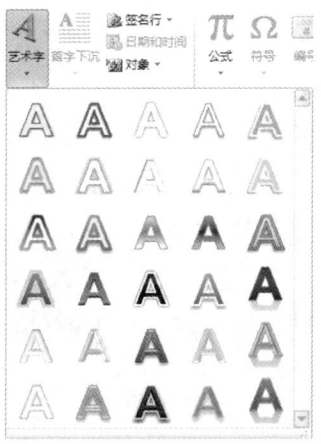

图 2-49　艺术字样式

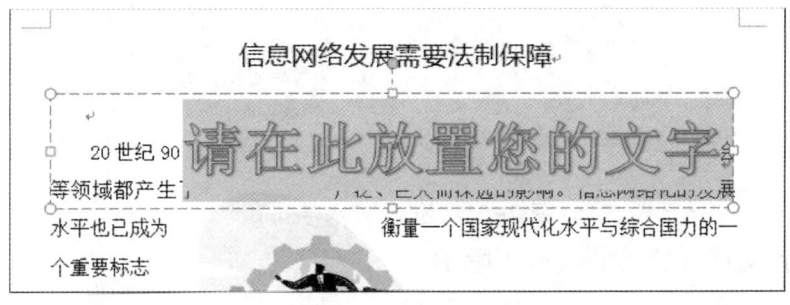

图 2-50　编辑"艺术字"文字

③ 在此输入新的文本或从剪贴板中粘贴文本,同时可对文字进行字符格式化操作,如选择不同的字体和字号,通过单击相应的按钮为其选择粗体或倾斜格式。

④ 单击"确定"后,Word 2010 将插入该艺术字,用户可以像拖动其他图像一样拖动它。

2. 编辑艺术字对象格式

一旦用户创建了一个艺术字对象,如果想重新编辑它,只要单击选择该对象,Word 2010 将显示"绘图工具格式"选项卡,如图 2-51 所示。将鼠标指针指向工具栏按钮上,用户将会看到相应按钮的名字和功能。使用该工具栏可从"艺术字样式"中选择不同的样式,编辑"艺术字"对象中的文字,改变对象的形状,旋转对象,改变文本的排列方式,改变文本的对齐方式,或改变字符与字符间的距离等。

图 2-51 "绘图工具格式"选项卡

3. 设置艺术字排版样式

艺术字一旦建立以后,可以像图片一样设置图文混排,如图 2-52 所示,可以通过单击"绘图工具格式"选项卡中的"排列"功能区的"位置"和"自动换行"命令按钮来设置相应的排版样式和文字环绕方式。

图 2-52 进行艺术字排版

艺术字设置样文如图 2-53 所示。

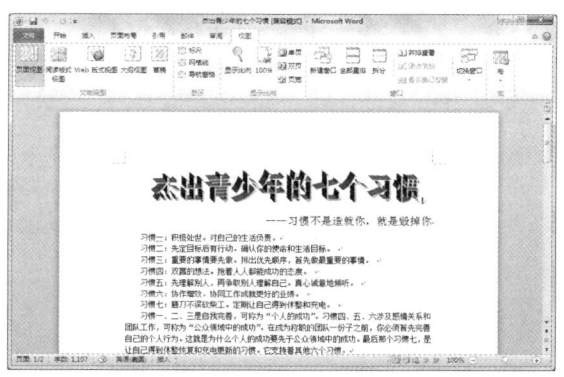

图 2-53 艺术字设置样文

2.6.3 绘制图形

Word 2010 提供了一套绘制图形的工具,利用它可以创建各种图形。只有在页面视图方式下才可以在 Word 2010 文档中插入图形,所以在创建图形前,应把视图切换到页面视图方式。

1. 绘图工具栏介绍

单击"插入"选项卡的"插图"功能区中的"形状"命令按钮,会打开一个下拉框,如图 2-54 所示。"形状"下拉框中有"线条""矩形""基本形状"和"箭头总汇"等按钮,可以用来直接绘制简单的直线、矩形、椭圆和箭头等图形。

如果要绘制一矩形,则只要单击"矩形"按钮,鼠标指针变为十字形,移动十字形鼠标指针到要绘制矩形的位置,然后,拖动鼠标拉出一个矩形,到合适的大小时松开鼠标左键。其他图形绘制的操作类似。

如果在其他视图方式下单击"形状"按钮,Word 2010 会自动将普通视图切换到页面视图方式,为创建图形准备条件。

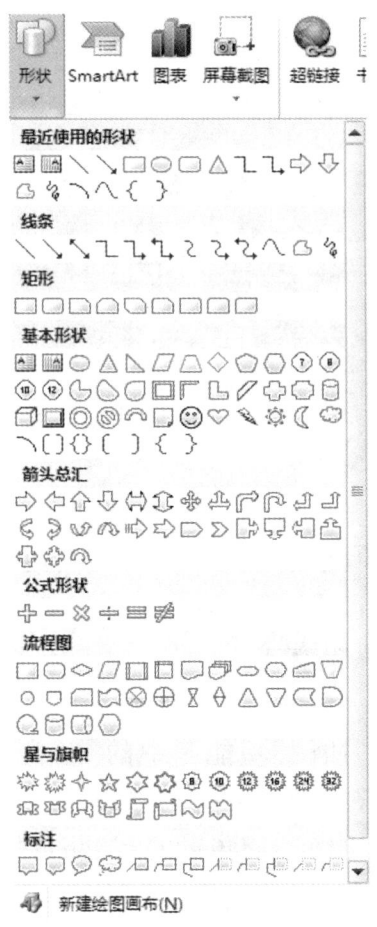

图 2-54 "形状"下拉框

2. 给图形添加文字

Word 2010 提供在封闭的图形中添加文字的功能,这对绘制示意图是非常有用的。

给图形添加文字的操作步骤如下。

① 将鼠标指针移到要添加文字的图形中,右击该图形,出现快捷菜单。

② 单击快捷菜单中的"添加文字"命令,此时插入点移到图形内部。

③ 在插入点之后输入文字即可。如图 2-55 所示,右边的图形中添加了两列字。

图形中添加的文字将与图形一起移动。同样,可以用前面所述的方法对文字格式进行编辑和排版设置。

3. 设置图形的填充颜色、线条颜色、线型和三维效果

绘制好形状后,自动打开"绘图工具格式"选项卡,可以通过"形状填充""形状轮廓"和"形状效果"为封闭图形填充颜色,为图形的线条设置线型和颜

色,为图形对象添加阴影或使图形产生立体效果,如图 2-55 所示。

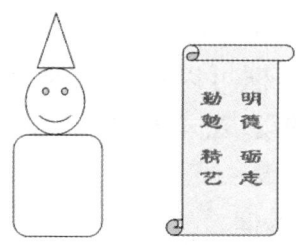

图 2-55 自选图形示例

4. 图形的叠放次序

当两个或多个图形对象重叠在一起时,最后绘制的那一个总是覆盖其他的图形。利用"绘图工具格式"中的排列可以调整各图形之间的叠放次序。

调整图形的叠放次序的操作步骤如下。

① 选定要调整叠放次序的图形对象。

② 单击"绘图工具格式"选项卡中的"排列"功能区的"上移一层"或"下移一层"命令按钮,如图 2-56 所示。

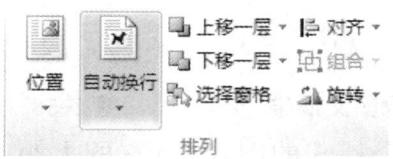

图 2-56 "叠放次序"命令

5. 多个图形的组合

当用许多简单的图形构成一个复杂的图形后,实际上每一个简单图形还是一个独立的对象,这对移动整个图形来说将变得非常困难。可能由于操作不当而破坏刚刚构成的图形。为此,Word 2010 提供了多个图形组合的功能。利用组合功能可以将许多简单图形组合成一个整体的图形对象,以便图形的移动和旋转。

多个图形的组合的操作步骤如下。

① 将鼠标指针移到所有要组合的图形的左上角,按住左键拖出虚线框,使之包含所有要组合的简单图形。

② 单击"绘图工具格式"选项卡。

③ 单击"排列"功能区里的"组合"按钮。

组合后的所有图形成为一个整体的图形对象,可整体移动和旋转。这一组合图形也可以用单击"组合"按钮出现的菜单中的"取消组合"命令来取消组合。

2.6.4　使用文本框

在 Word 2010 中,用文本框可以创建出风格独特的效果,如将标题设在文档中间,给图片加上文字等。文本框里的内容还可以单独进行格式化编辑,与整个文档无关。

可通过以下方法创建文本框。

单击"插入"选项卡→"文本"功能区→"文本框"命令按钮,打开下拉框,其中有"内置"的许多样式供选择,也可在该下拉框中选择"绘制文本框"或"绘制竖排文本框"命令,在 Word 2010 编辑区中拉出一个所需的文本框。

利用文本框实现图文混排、竖排文字等,如图 2-57、2-58 所示。

图 2-57　文本框实现图文混排

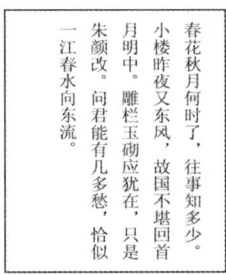
图 2-58　文本框实现竖排文字

文本框实质上是一个特殊的图片,对它的大小、位置和环绕方式等设置与图片的操作相似。

2.6.5　图文混排实例

1. 实例目的

个人简历编排(三)

制作好简历表格,赵文楠觉得整个文档有了条理,但是光有文字、表格还不行,感染力不强,尝试利用 Word 2010 的特色功能,给文档加上图片、背景,图文混排。

利用 Word 2010 的图文混排功能,制作的个人简历文档如图 2-59 所示。

第 2 章　Word 2010

图 2-59　个人简历文档

2．实例要求

① 利用 Word 2010 进行图片、艺术字的插入、编辑和排版。

② 利用 Word 2010 进行文本框的插入、编辑和排版。

③ 利用 Word 2010 绘制和编辑自选图形。

④ 进行页眉和页脚的设置。

3．操作步骤

(1) 标题段"个人简历"制作为艺术字。

① 选定标题段文字"个人简历",单击"插入"→"文本"→"艺术字"命令按钮,从中选择相应样式,单击确定。

② 将艺术字图片调整大小、位置。

(2) 插入图片:"紧密型环绕"。

① 将光标定位于"爱好特长"段的右侧,单击"插入"→"插图"→"剪贴画"命令按钮,出现"剪贴画"任务窗格。

② 在"搜索文字"项中输入"人物"。

③ 搜索范围设定为"所有媒体文件类型"。

④ 单击"搜索"按钮,出现符合要求的剪贴画,单击所需的剪贴画插入到文中。

⑤ 设置它的版式为"紧密型环绕"方式,并调整好大小、位置。

(3) 插入文本框:"四周型环绕"。

① 将光标定位于第 3 部分内容的右侧，单击"插入"→"文本"→"文本框"→"绘制竖排文本框"命令按钮。

② 拖动鼠标在文档中绘制一个合适大小的文本框。

③ 在文本框内输入文字，之后回车。

④ 在文本框内插入剪贴画，并调整大小。

⑤ 设置它的版式为"四周型环绕"方式。

（4）插入自选图形。

① 将光标定位于第 3 部分内容的右侧附近，单击"插入"→"插图"→"形状"命令按钮，在下拉框中的"标注"项内选择"云形标注"，如图 2-60 所示。在文档内拖动鼠标绘制图形。

② 右击该图形，在快捷菜单中选择"添加文字"命令，输入文字，如图 2-61 所示。

③ 调整该图形的大小和位置。

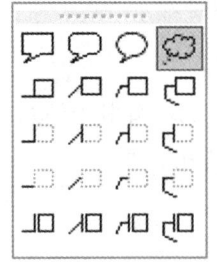
图 2-60 "标注"项

图 2-61 输入文字

（5）插入图片设置背景。

① 将光标定位于文档空白处，单击"插入"→"插图"→"剪贴画"命令按钮，出现"剪贴画"任务窗格。

② 不输入"搜索文字"，直接单击"搜索"按钮，出现所有的剪贴画图片。

③ 单击符合要求的剪贴画插入到文中。

④ 利用"图片工具格式"选项卡中"调整"功能区中的命令将图片进行"冲蚀"处理。

⑤ 设置它的版式为"衬于文字下方"环绕方式，并调整好大小、位置。

（6）插入页眉。

① 单击"插入"→"页眉和页脚"→"页眉"命令按钮。

② 在页眉中输入相应的文字。

③ 单击"页眉和页脚"工具栏的"关闭"按钮返回到正文。

§2.7 文档的预览与打印

大多数的文档编辑好后,都希望能打印出来以便交流,而且这也是保存文档的有效途径之一。本节将介绍与打印有关的功能:打印预览和打印。

2.7.1 Word 2010 文档预览

当文档编辑、排版完成后,就可以打印输出了。打印前,可以利用打印预览功能先查看一下排版是否理想。如果满意,则打印,否则可继续修改排版。使用快速访问工具栏中的"打印预览和打印"命令可以用来实现文档的打印预览和打印。

执行"文件"→"打印"菜单命令,打开文档的"打印及预览"窗口,如图2-62所示。

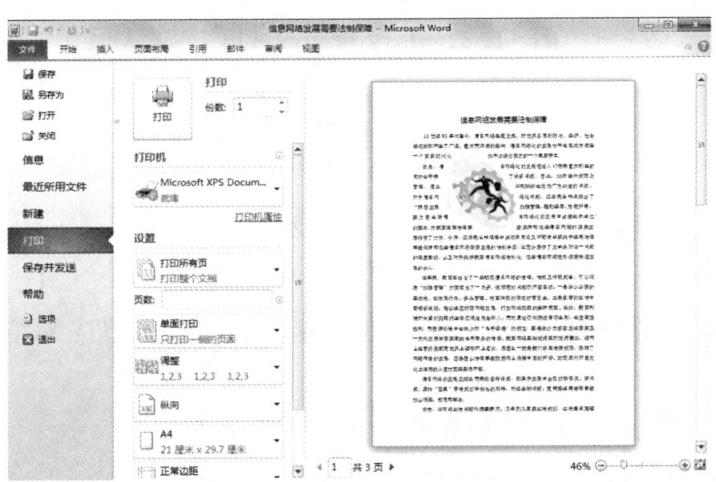

图 2-62 "打印及预览"窗口

在窗口的右侧显示的是文档预览窗口。如果认为合适,则可以单击"打印"按钮打印输出。

2.7.2 Word 2010 文档打印

通过"打印预览"查看满意后,就可以打印了。打印前,最好先保存文档,以免意外丢失。Word 2010 提供了许多灵活的打印功能。可以打印一份或多份文档,也可以打印文档的某一页或几页。当然,在打印前,应准备好并打开打印机。

1. 打印一份文档

打印一份文档的操作最简单。只要默认设置,单击"打印"窗口中的"打印"按钮即可。

2. 打印多份文档副本

如果要打印多份文档副本,可以在"打印"按钮旁的"份数"中设置需要的份数,如图 2-63 所示。

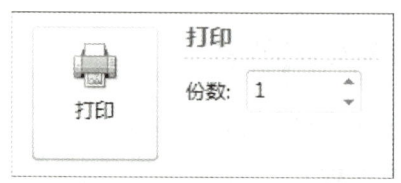

图 2-63 "打印"对话框

单击"打印"按钮就开始执行打印命令。

3. 打印一页或几页

在如图 2-62 所示窗口的"设置"选项中选择是否"打印所有页"项,或在"页数"框中输入需要打印的页数,进行自定义打印,确认后单击"打印"按钮。

复 习 题

1. Word 2010 程序启动后就自动打开一个名为_____的文档。
   A. name B. untitled C. 文件 1 D. 文档 1
2. 要将文档中一部分选定的文字移动到指定的位置,首先对它进行的操作是_____。
   A. 执行"开始"选项卡→"剪贴板"→"剪切"命令
   B. 执行"开始"选项卡→"剪贴板"→"清除"命令
   C. 执行"开始"选项卡→"剪贴板"→"复制"命令
   D. 执行"开始"选项卡→"剪贴板"→"粘贴"命令
3. 如果删除文档中一部分选定的文字的格式设置,可按组合键"_____"。
   A. Ctrl+Shift+Z B. Ctrl+Alt+Del
   C. Ctrl+F6 D. Ctrl+Shift
4. 在_____视图下可以插入页眉和页脚。
   A. 草稿 B. 大纲 C. 页面 D. Web 版式
5. Word 2010 编辑状态下,下列不能选定整个文档内容的操作是_____。

A. 将鼠标指针移到文本选择区，三击鼠标左键

B. 将鼠标指针移到文本编辑区，双击鼠标左键

C. 将鼠标指针移到文本选择区，按住“Ctrl”键的同时单击鼠标左键

D. 使用快捷键“Ctrl＋A”

6. 上机操作题，Word 2010 文档格式设置。

(1) 要求：利用 Word 2010 进行文档的创建、保存，短文的输入、编辑、查找和替换，字符格式设置、段落格式设置，页面排版。最终实现效果如图 2-64 所示。

(2) 参考步骤。

① Word 2010 文档的建立、文本的输入、编辑。

启动 Word 2010，在编辑区中输入“计算机病毒”的全文内容。

② 标题段“计算机病毒的由来”格式设置：“隶书”“一号”“加粗”“红色”“居中”对齐。

③ 正文第一段格式设置。

字体格式为：“华文中宋”“五号”。

段落格式为：“首行缩进”为“2 字符”、“行距”为“单倍行距”。

版面为：“分栏”“两栏”“栏宽相等”，如图 2-64 所示。

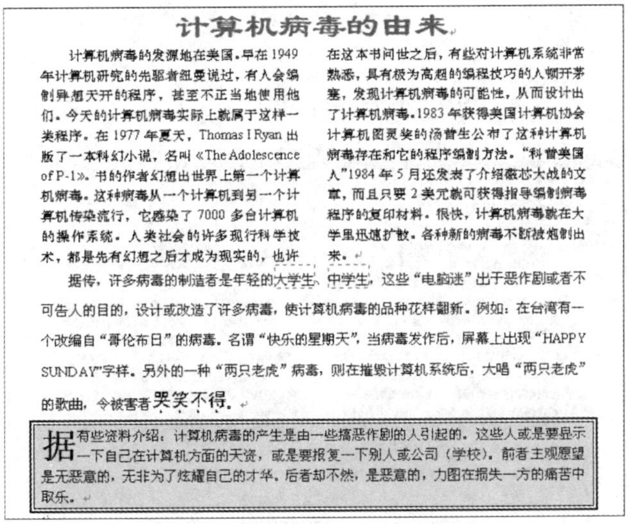

计算机病毒的由来

计算机病毒的发源地在美国。早在 1949 年计算机研究的先驱者纽曼说过，有人会编制异想天开的程序，甚至不正当地使用他们。今天的计算机病毒实际上就属于这样一类程序。在 1977 年夏天，Thomas I Ryan 出版了一本科幻小说，名叫《The Adolescence of P-1》。书的作者幻想出世界上第一个计算机病毒。这种病毒从一个计算机到另一个计算机传染流行，它感染了 7000 多台计算机的操作系统。人类社会的许多现行科学技术，都是先有幻想之后才成为现实的，也许在这本书问世之后，有些对计算机系统非常熟悉，具有极为高超的编程技巧的人顿开茅塞，发现计算机病毒的可能性，从而设计出了计算机病毒。1983 年获得美国计算机协会计算机图灵奖的汤普生公布了这种计算机病毒存在和它的程序编制方法。“科普美国人”1984 年 5 月还发表了介绍磁芯大战的文章，而且只要 2 美元就可获得指导编制病毒程序的复印材料。很快，计算机病毒就在大学里迅速扩散。各种新的病毒不断被炮制出来。

据传，许多病毒的制造者是年轻的大学生、中学生，这些“电脑迷”出于恶作剧或者不可告人的目的，设计或改造了许多病毒，使计算机病毒的品种花样翻新。例如：在台湾有一个改编自“哥伦布日”的病毒。名谓“快乐的星期天”，当病毒发作后，屏幕上出现“HAPPY SUNDAY”字样。另外的一种“两只老虎”病毒，则在摧毁计算机系统后，大唱“两只老虎”的歌曲，令被害者哭笑不得。

据有些资料介绍：计算机病毒的产生是由一些搞恶作剧的人引起的。这些人或是要显示一下自己在计算机方面的天资，或是要报复一下别人或公司（学校）。前者主观愿望是无恶意的，无非为了炫耀自己的才华。后者却不然，是恶意的，力图在损失一方的痛苦中取乐。

图 2-64　文档格式样例

④ 正文第二段格式设置。

文字格式：“宋体”“五号”。

段落格式：“首行缩进”为“2 字符”、“行距”为“固定值”“22 磅”。

特殊效果：选定“大学生”“中学生”两个词加相应的边框效果；选定“哭笑不

得"设置为"黑体""四号","字符间距"中选择"位置"选项"提升""2磅",并加"着重号",如图2-65所示。

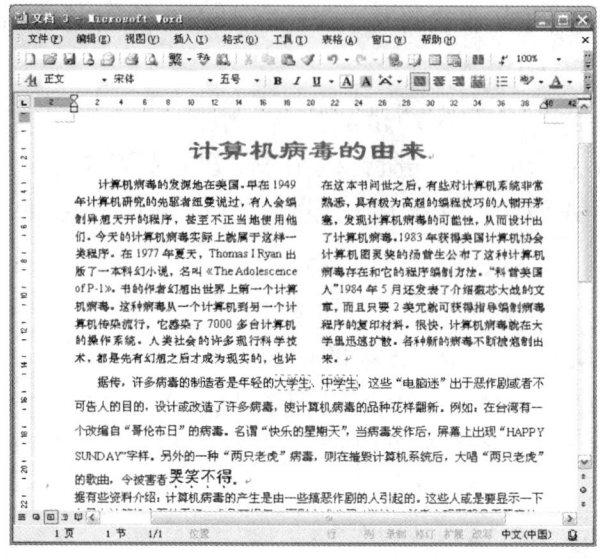

图2-65 设置分栏

⑤ 正文第三段格式设置。

文字格式:"宋体""五号"。

段落格式:"首行缩进"为"2字符"、"行距"为"单倍行距"、"首字下沉"为"2行"。

边框和底纹样式:"方框""双线""底纹"。如图2-66所示。

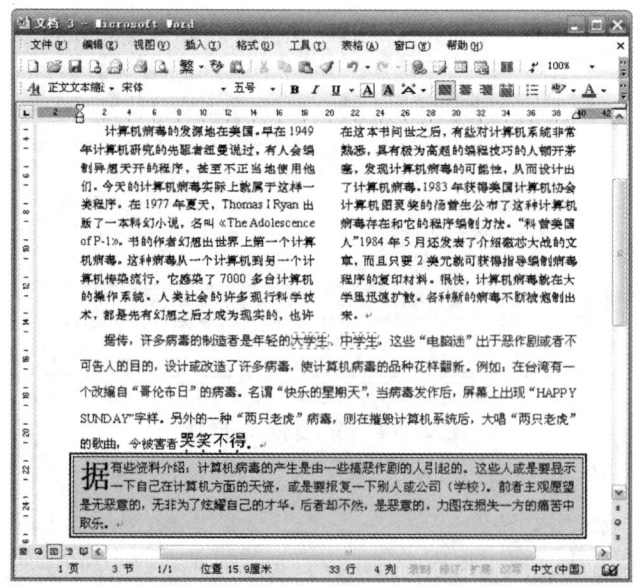

图2-66 设置字体效果

⑥ 文档页面设置。

设置页面为 A4 纸张。

设置上、下、左、右边距分别为 2.8 厘米、2.5 厘米、3 厘米、3 厘米。

7. 上机操作题，Word 2010 表格操作——制作课程表。

（1）要求：利用 Word 2010 进行表格的创建、编辑和修改，表格内容的输入和格式设置，表格的边框、底纹、对齐方式等格式设置。

最终实现效果如图 2-67 所示。

节次	星期	星期一	星期二	星期三	星期四	星期五
上午	第1节	英语	经济法	税法	财务管理	英语
	第2节	英语	经济法	成本会计	财务管理	英语
	第3节	自习	应用写作	邓论	自习	税法
	第4节	自习	应用写作	邓论	自习	成本会计
下午	第5节	邓论	体育	自习	经济法	应用写作
	第6节	邓论	体育	自习	经济法	应用写作

图 2-67　课程表

（2）参考步骤。

① 表格的插入、编辑和修改。

插入表格：创建一个 7 行 7 列的表格，列宽为 2 厘米。

单元格合并：合并第 1 行的第 1~2 行单元格；分别合并第 1 列的第 2~5 列单元格和第 6~7 列单元格。

调整表格大小及相应行的行高，在第 1 行的第 1 个单元格中绘制一条斜线。

② 边框格式设置。

设置表格边框为"单实线"。

选中表格内的第 1,2 行，下框线为"双实线"。效果如图 2-68 所示。

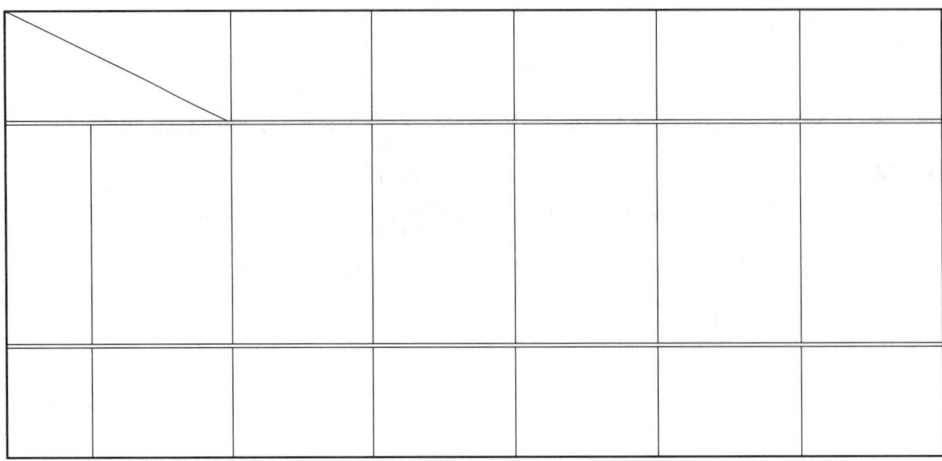

图 2-68 表格样式

③ 内容的输入和格式设置。

在表格中输入内容,设置字体为"五号""宋体",第 1 行标题"加粗"。

设置表格中内容对齐方式为"居中"。

8. 上机操作题,Word 2010 图文混排。

(1) 要求:掌握边框底纹设置,图片、文本框、艺术字的插入和编辑,多个图形组合的方法。最终实现效果如图 2-69 所示。

图 2-69 "中秋专刊"效果图

(2) 参考步骤。

① 页面设置如下。

添加版面:选择"插入"→"分隔符"菜单命令;

设置页眉和页脚:选择"视图"→"页眉和页脚"菜单命令;

设置页面边框:选择"格式"→"边框和底纹"菜单命令。

② 版面布局,如图 2-70 所示。

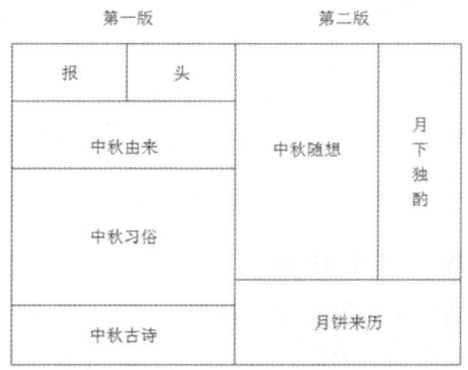

图 2-70 "中秋专刊"版面布局

③ 第一版版面设置如下。

"艺术字"的插入与编辑:选择"插入"→"图片"→"艺术字"菜单命令;

"文本框"的插入与编辑:选择"插入"→"文本框"→"横排"菜单命令;

"分栏"设置:选择"格式"→"分栏"菜单命令;

"首字下沉"设置:选择"格式"→"首字下沉"菜单命令;

"边框底纹"设置:选择"格式"→"边框和底纹"菜单命令;

图片的插入与编排:选择"插入"→"图片"→"来自文件"菜单命令;

用"绘图工具栏"绘制直线:选择"视图"→"工具"→"绘图"菜单命令,打开"绘图"工具栏,单击"绘图"工具栏中的"直线"按钮,按住鼠标左键进行水平拖动;

多个图形的组合:将鼠标指针移到所有要组合的图形的左上角,按住左键拖出虚线框,使之包含所有要组合的简单图形。单击"绘图"按钮,选择"组合"菜单命令。

④ 学生仿照第一版的制作方法自己制作第二版。

第 3 章 Excel 2010

学习目标

◎ 掌握工作表的基本操作方法。
◎ 了解设置单元格字体、样式的方法。
◎ 了解公式输入与编辑方法。
◎ 掌握 Excel 2010 中常用函数的使用方法。
◎ 掌握 Excel 2010 中数据排序的方法。
◎ 掌握 Excel 2010 中数据筛选的方法。
◎ 了解数据透视图和数据透视表。
◎ 了解打印数据表的方法。

Excel 2010 是目前最强大的电子表格制作软件之一,它不仅具有强大的数据组织、计算、分析和统计功能,还可以通过图表、图形等多种形式对处理结果加以形象地显示,能够与 Office 2010 其他组件相互调用数据,实现资源共享。

通过本章的学习,应了解 Excel 2010 的基本功能,并能够使用它创建与编辑表格,对数据进行排序、筛选、分类汇总以及打印数据表。

§3.1 Excel 2010 的使用入门

在使用 Excel 2010 制作报表之前,需要熟悉 Excel 2010 的一些基本功能以及基本操作,例如 Excel 2010 的启动和退出,认识 Excel 2010 的操作界面和组成要素,Excel 的制作流程等。

3.1.1 启动 Excel 2010

在 Windows 7 操作系统中,可以通过以下方法启动 Excel 2010。

(1) 单击"开始"→"程序"→"Microsoft Office"→"Microsoft Office Excel 2010"命令按钮。

(2) 双击桌面上的 Excel 2010 快捷图标。

(3) 双击 Excel 2010 格式文件。

3.1.2 认识 Excel 2010 工作界面

Excel 2010 的工作界面主要由工作区、文件选项、标题栏、功能区、编辑栏、快速访问工具栏和状态栏 7 部分组成,如图 3-1 所示。

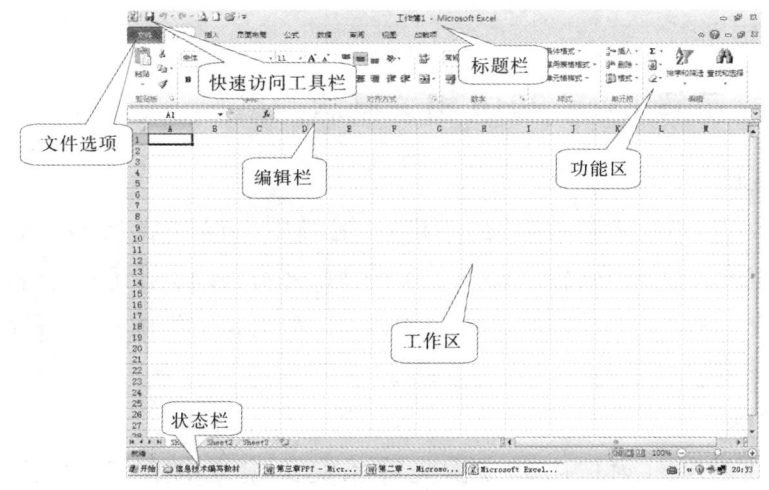

图 3-1　Excel 2010 工作界面

1. 工作区

工作区是 Excel 2010 操作界面中用于输入数据的区域,由单元格组成,用以输入和编辑不同的数据类型。

2. 文件选项

Excel 2010 的一项新设计是"文件"选项卡取代 Excel 2003 中的"文件"菜单。单击"文件"选项卡,会显示一些基本选项,主要包括"新建""打开""保存""打印"和"选项"等。

3. 标题栏

标题栏中间显示当前编辑表格的文件名称。启动 Excel 2010,默认的文件名为"工作簿 1"。

4. 功能区

Excel 2010 的功能区由各种选项卡和包含在选项卡中的各种命令按钮组成，利用它们可以轻松地查找以前隐藏在复杂菜单和工具栏中的命令和功能。

除了"文件"选项卡，标准的选项卡分为"开始""插入""页面设置""公式""数据""审阅""视图"和"加载项"8 个。某些选项组的右下角有个 ▼，单击此图标，可以打开相关的对话框。某些选项卡只在需要的时候才显示出来。

5. 编辑栏

编辑栏由 3 部分组成，分别为左侧的名称框、中间的功能按钮和右侧的公式框，用于显示和编辑当前活动单元格的名称、数据和公式。

6. 状态栏

状态栏用于显示当前数据的编辑状态、选定数据统计区、页面显示及调整页面显示比例等。

3.1.3 了解 Excel 2010 相关概念

1. 工作簿

通常所说的 Excel 文档就是工作簿，主要用于保存表格的内容，扩展名为".xlsx"。在默认情况下启动 Excel 2010 后，系统自动创建一个名为"工作簿1"的工作簿。一个工作簿可以由多个工作表组成，默认情况下包含 3 张工作表。

2. 工作表

工作表是 Excel 窗口由许多横竖线条交叉组成的表格，用于存储和处理数据的主要文档，其名称显示在工作表标签上，工作表由多个单元格构成。

3. 单元格

单元格是组成工作表的最小单位，一行与一列的交叉处为一个单元格，用于输入各种各样类型的数据和公式。在 Excel 2010 中，每张工作表由 1 000 000 行、16 000 列组成。

4. 单元格地址

在 Excel 2010 中，每一个单元格对应一个单元格地址（即单元格名称），即用列的字母加上行的数字来表示。例如，选择 B 列第 2 行的单元格，在编辑栏左方的名称框中将显示该单元格地址为 B2。

3.1.4 了解 Excel 2010 制作流程

使用 Excel 2010 可以制作出诸如工作表、成绩表等电子表格，但无论什么表格,其基本操作流程都是相同的。操作步骤如下。

(1) 用鼠标单击要输入数据的单元格,输入需要的数据。

(2) 数据输入完成后,进行格式设置,如设置字体、字号、数据类型、边框、底纹和背景等。

(3) 根据表格内容,插入适当的艺术字、图片及图表等内容。

(4) 对输入的数据进行求和、求平均、汇总等计算。

(5) 完成表格制作后,将其打印出来。

3.1.5 退出 Excel 2010

(1) 单击 Excel 2010 窗口右上角的"关闭"命令按钮。

(2) 单击"文件"选项卡,在弹出的下拉菜单中选择"退出"命令。

(3) 在 Excel 2010 工作界面中按快捷键"Alt+F4"。

§3.2 工作簿的基本操作

在使用 Excel 2010 制作表格前,首先应掌握它的一些基本操作,如工作簿、工作表及单元格的基本操作。工作簿的基本操作包括新建、保存、打开和关闭工作簿等,下面将对这些基本操作进行简单介绍。

3.2.1 新建工作簿

启动 Excel 2010 应用程序后,将自动创建一个名为"工作簿1"的新工作簿。在应用 Excel 2010 进行工作的过程中,用户还可以通过以下3种方法创建新的工作簿。

1. 使用功能菜单创建

选择"文件"选项卡,在弹出的菜单中选择"新建"命令。然后在弹出的"可用模板"窗格中可以根据需要选择不同的模板,并且在选择其中一个选项时,即可在右侧预览框中对该选项进行预览。

2. 使用快速访问工具栏创建

单击自定义快速访问工具栏后面的下拉按钮,在弹出的菜单中选择"新建"命令,将在快速访问工具栏中添加"新建"按钮,然后单击该按钮即可创建一个新的空白工作簿。

3. 使用快捷键创建

按快捷键"Ctrl＋N"即可创建一个新的空白工作簿。

3.2.2 保存工作簿

在对工作表进行操作时，应记住经常保存 Excel 工作簿，以免因一些突发状况而丢失数据。在 Excel 2010 中常用以下 3 种方法保存工作簿。

（1）单击快速访问工具栏中"保存"按钮。

（2）单击"文件"选项卡，在弹出的下拉菜单中选择"保存"命令。

（3）使用组合键"Ctrl＋S"。

3.2.3 打开工作簿

当用户启动 Excel 2010 后，系统会自动打开一个工作簿。如果要打开已经存在的工作簿，操作步骤如下。

（1）单击快速访问工具栏中的"打开"按钮，弹出"打开"对话框，如图 3-2 所示。

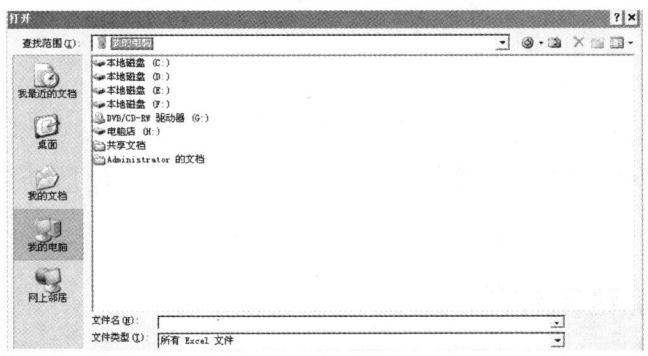

图 3-2 "打开"对话框

（2）在"查找范围"下拉列表框中，选择要打开文档所在的目录，在显示文件名窗口选中需要打开的工作簿（或在"文件名"列表框中输入工作簿名称）。

（3）单击"打开"按钮（或双击需要打开的工作簿）。

注意：如果用户想要打开 Excel 2010 所支持的其他格式文件，首先应在"文件类型"下拉列表中选择"所有文件"，然后选中所需打开的文件，再单击"打开"按钮。

3.2.4 关闭工作簿

对工作簿完成了编辑之后就要关闭文档，关闭文档有以下几种方法。

（1）单击"文件"选项卡，在弹出的下拉菜单中选择"关闭"命令。

(2) 直接单击功能区右侧的"关闭"按钮。
(3) 按快捷键"Ctrl+F4"。
(4) 按快捷键"Ctrl+W"。

§3.3 工作表的基本操作

在 Excel 2010 中，新建一个空白工作簿后，会自动在该工作簿中添加 3 个空白的工作表，并依此命名为 Sheet1、Sheet2、Sheet3，本节将介绍工作表的选定、插入、删除、移动和复制等操作，以满足实际需要。

3.3.1 选定工作表

由于一个工作簿中往往包含多个工作表，因此操作前需要选定工作表。选定工作表通常有以下 3 种方式。

1. 选定单张工作表

如果要选定当前工作簿中的某一个工作表，用鼠标左键单击工作表标签即可。

2. 选定多张工作表

在当前工作簿文件中选定多张工作表，分为两种情况。

(1) 单击选定一张工作表的标签，按住"Ctrl"键不放，再单击其他工作表标签，可以选定不连续的多张工作表。

(2) 单击第一张工作表的标签，按住"Shift"键不放，再单击另一张工作表标签，可以选定包括这两张工作表在内的连续的多张工作表。

3. 选定所有工作表

用鼠标右键单击工作表标签，在弹出的快捷菜单中选择"选定全部工作表"命令即可。

3.3.2 插入工作表

如果用户要插入单张工作表，可按以下两种方法进行操作。

(1) 单击工作表标签，确定要插入工作表的位置，比如要在 Sheet2 和 Sheet3 之间插入一张工作表，则单击 Sheet3 标签，在"开始"选项卡的单元格选项组中单击"插入"按钮，从弹出的下拉菜单中选择"插入工作表"命令，即可在 Sheet2 和 Sheet3 之间插入一张工作表，如图 3-3 所示。

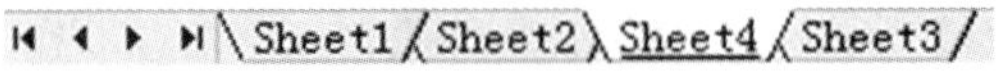

┃ ◀ ▶ ┃ \ Sheet1 ⁄ Sheet2 \ Sheet4 ⁄ Sheet3 ⁄

图 3-3　插入工作表

（2）在工作表标签中单击鼠标右键，从弹出的快捷菜单中选择"插入"命令，再从弹出的"插入"对话框中选择"工作表"图标，单击"确定"按钮即可。

3.3.3　删除工作表

删除工作表有以下两种操作方法。

（1）选定要删除的工作表标签，在"开始"选项卡中的单元格选项组中单击"删除"按钮，从弹出的下拉菜单中选择"删除工作表"命令。如果该工作表中包含有内容，将会弹出如图 3-4 所示的警告框，单击"删除"按钮，即可删除该工作表。如果该工作表为空，则可直接将其删除。

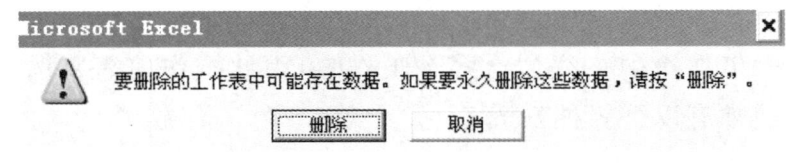

图 3-4　警告框

（2）选定要删除的工作表标签，单击鼠标右键，在弹出的快捷菜单中选择"删除"命令即可删除工作表。

3.3.4　移动和复制工作表

移动工作表是指改变工作表在工作簿中排列的位置，复制工作表则是指增加原工作表的副本。下面介绍两种移动和复制工作表的方法。

1. 通过鼠标移动和复制工作表

（1）移动工作表。

选定要移动的工作表标签，按住鼠标左键并拖动，此时工作表标签上方会出现一个黑色下三角箭头▼，提示工作表插入的位置，当鼠标指针变成 ▯ 形状时，将指针拖动到该黑色下三角箭头处，即完成工作表的移动操作，如图 3-5 所示。

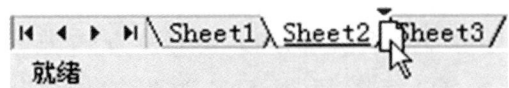

图 3-5　使用鼠标移动工作表

(2) 复制工作表。

选定要复制的工作表标签,按住"Ctrl"键,然后按住鼠标左键并拖动,此时工作表标签上方会出现一个黑色下三角箭头▼,提示工作表插入的位置,当鼠标指针变成🗋形状时,将指针拖动到该黑色下三角箭头处,即完成工作表的复制操作。

2. 使用菜单命令移动和复制工作表

(1) 选定要移动或复制的工作表。

(2) 单击鼠标右键,从弹出的快捷菜单中选择"移动或复制工作表"命令,弹出"移动或复制工作表"对话框,如图 3-6 所示。

(3) 在"下列选定工作表之前"列表框中选择要移动或复制的位置。如果是移动工作表,在该对话框中取消对"建立副本"复选框的选中。如果要复制工作表,则选中"建立副本"复选框,单击"确定"按钮即可。

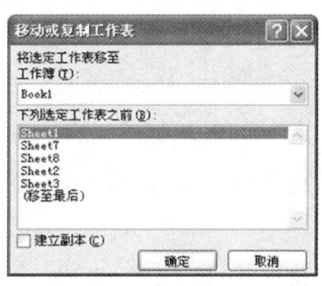

图 3-6 "移动或复制工作表"对话框

3.3.5 重命名工作表

当一个工作簿中的工作表过多时,使用 Sheet1,Sheet2 这样的工作表名称很难区分不同的工作表,这时需要重命名工作表,常用方法有以下两种。

1. 使用鼠标重命名工作表

(1) 双击工作表标签,此时标签呈黑色背景显示,如图 3-7 所示。

(2) 直接输入新工作表名称,如"员工工资表"字样,如图 3-8 所示。

(3) 输入完成后按回车键或单击标签外的任何位置,即完成重命名工作表操作。

图 3-7 选中工作表名 　　　图 3-8 重命名工作表

2. 使用菜单重命名工作表

(1) 选定要重命名的工作表标签。

(2) 单击鼠标右键,从弹出的快捷菜单中选择"重命名"命令,此时标签呈

黑色背景显示,在标签中输入新的工作表名称即可。

§3.4 单元格的基本操作

在 Excel 2010 中,单元格是构成工作表的基本元素,因此绝大多数操作都是针对单元格来完成,在向单元格输入数据前,需要对单元格进行选定、插入、删除、移动和复制等基本操作。

3.4.1 选定单元格

在对工作表进行编辑操作前,必须先选定目标操作对象,即某个单元格、单元格区域或工作表,下面对具体的选定方法进行介绍。

1. 选定某个单元格

(1) 当鼠标变为"✚"形状时,单击某个单元格,此时该单元格的外侧出现一个黑色边框,同时在名称框内显示该单元格的名称,这时即可选定该单元格。

(2) 在工作表的左上方的名称框内直接输入需要选定的单元格名称,按回车键即可选定该单元格。

2. 选定单元格区域

单元格区域是指工作表中的两个或多个单元格。单元格区域中的单元格可以是相邻的,也可以是不相邻的。选定单元格区域的方法有以下 4 种。

(1) 单击并选定工作表中矩形区域左上角的一个单元格,然后按住鼠标左键,拖动到右下角的一个单元格中,释放鼠标即可选定一个矩形区域。

(2) 按住"Shift"键的同时移动键盘上的方向键,选定开始单元格和最终单元格之间的矩形区域。

(3) 按住"Shift"键的同时用鼠标单击单元格,选定活动单元格和最终单击的单元格之间的矩形区域。

(4) 选定一个单元格,按住"Ctrl"键的同时单击其他单元格,可选定多个不连续的单元格区域。

3. 选定行和列

在工作表中选定行和列的方法如下。

(1) 将鼠标移至要选定行的行号上,单击鼠标即可选定该行。

(2) 将鼠标移至要选定多行的某个行号上,然后按住"Ctrl"键,单击其他需要选定行的行号,即可选定多个不连续的行。

(3) 将鼠标移至要选定多行的开始行号上,然后按住鼠标左键并拖动,至适当的位置释放鼠标即可选定多个连续的行。

(4) 将鼠标移至要选定列的列标上,当鼠标变为"⬇"形状时,单击鼠标即可选定该列。

(5) 将鼠标移至要选定多列的开始列标上,然后按住鼠标左键并拖动至适当的位置释放鼠标即可选定多个连续的列。

(6) 将鼠标移至要选定多列的某个列标上,然后按住"Ctrl"键,单击其他需要选定列的列标,即可选定多个不连续的列。

4. 选定整个工作表

(1) 单击左上角的"全选"按钮,即可选定整个工作表。

(2) 按快捷键"Ctrl+A",即可选定整个工作表。

3.4.2 插入单元格

在 Excel 2010 中,打开"开始"选项卡,在"单元格"选项组中单击"插入"下拉按钮,在弹出的下拉菜单中选择命令,即可在工作表中插入行、列或单元格。操作步骤如下。

(1) 在插入位置选定一个单元格。

(2) 在 Excel 2010 中,打开"开始"选项卡,在"单元格"选项组中单击"插入"下拉按钮,在弹出下拉菜单中选择"插入单元格"命令,或在选定单元格上单击鼠标右键,在弹出的快捷菜单选择"插入"命令,弹出"插入"对话框,如图3-9 所示。

(3) 在"插入"对话框中选择一种插入方式。选中 `活动单元格右移(I)` 单选按钮,插入的单元格处于原来的位置,原来的单元格将向右移动;选中 `活动单元格下移(D)` 单选按钮,插入的单元格处于原来的位置,原来的单元格将向下移动;选中 `整行(R)` 单选按钮,插入的行数与选定的单元格的行数相同;选中 `整列(C)` 单选按钮,插入的列数与选定的单元格的列数相同。

(4) 选择一种插入方式,单击"确定"按钮即可。

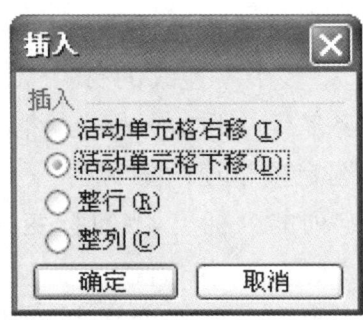

图 3-9 "插入"对话框

3.4.3 删除单元格

删除单元格的操作步骤如下。

（1）选定要删除的单元格或单元格区域。

（2）在"开始"选项卡"单元格"选项组中单击"删除"按钮，在弹出的下拉菜单中选择"删除单元格"命令，弹出"删除"对话框。

（3）选择下列一种合适的删除方式，单击"确定"按钮即可，如图 3-10 所示。

选中"右侧单元格左移(L)"单选按钮，将选中的单元格删除，其右侧的单元格将向左移动。

选中"下方单元格上移(U)"单选按钮，将选中的单元格删除，其下边的单元格将向上移动。

选中"整行(R)"单选按钮，将单元格所在的行删除，其下边的行向上移动。

选中"整列(C)"单选按钮，将单元格所在的列删除，其右侧的列向左移动。

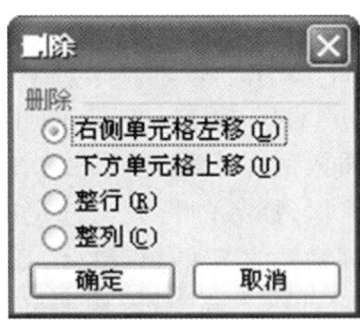

图 3-10 "删除"对话框

3.4.4 移动和复制单元格

移动数据是指将某个单元格中的内容从当前的位置删除并放到另外一

个位置;而复制数据是指原位置内容不变,并把该内容复制到另外一个位置。如果原来的单元格中含有公式,移动或复制到新位置后,公式会因为单元格区域的引用变化生成新的计算结果。

1. 使用菜单命令

(1) 选定要进行移动或复制的单元格或单元格区域。

(2) 在"开始"选项卡的"剪切板"选项组中单击"复制"按钮或"剪切"按钮。

(3) 选中要进行粘贴的目标单元格,在"开始"选项卡中的"剪切板"选项组中单击"粘贴"按钮。

2. 使用鼠标拖动

(1) 选定要进行移动或复制的单元格或单元格区域。

(2) 按住"Ctrl"键的同时单击并拖动鼠标。

(3) 到达目标位置后释放鼠标左键,即可完成数据的移动或复制。

3. 使用选择性粘贴

如果要复制比较复杂的数据,用户可以使用选择性粘贴来有选择地进行数据的复制,操作步骤如下。

(1) 选定要进行移动或复制的单元格或单元格区域。

(2) 在"开始"选项卡中的剪贴板选项组中单击"复制"按钮。

(3) 选定要进行粘贴的目标单元格,在"开始"选项卡中的剪贴板选项组中单击"粘贴"按钮,在弹出的下拉菜单中选择"选择性粘贴"命令,弹出"选择性粘贴"对话框。

(4) 在该对话框中设置要粘贴的方式,单击"确定"按钮即可。

3.4.5 合并及居中单元格

合并及居中单元格是将相邻的单元格合并为一个单元格。合并后只保留所选区域左上角单元格中的数据内容,且该内容会在选定的整个区域内居中排列。其操作步骤如下。

(1) 选定要进行合并的单元格区域。

(2) 打开"开始"选项卡,单击"对齐方式"组中的"合并后居中"按钮。在合并单元格时,如果选定区域包含多重数值,Excel 2010 将弹出如图 3-11 所示的提示框。如果确认要合并,单击"确定"按钮即可。

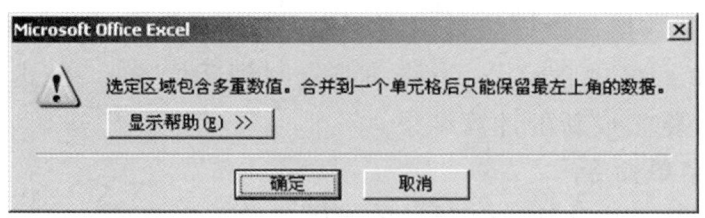

图 3-11 "Microsoft Office Excel"提示框

3.4.6 查找和替换

如果在一个工作表中要对相同的批量数据进行更改时,可以通过查找和替换的方式来实现,这样不仅可以彻底修改,并且可以提高工作效率。

1. 查找数据

查找数据的操作步骤如下。

(1) 打开需要进行查找的工作表。

(2) 在"开始"选项卡中的"编辑"选项组中单击"查找和选择"按钮,在弹出的下拉列表中选择"查找"命令,弹出"查找和替换"对话框,打开"查找"选项卡,如图 3-12 所示。

(3) 在该选项卡中的"查找内容"文本框中输入要查找的内容,单击"查找下一个"按钮,逐一查找内容;单击"查找全部"按钮,将会在该选项卡的下方列出全部查找内容,如图 3-13 所示。

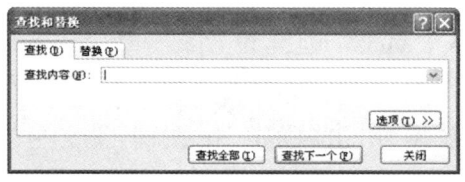
图 3-12 "查找"选项卡

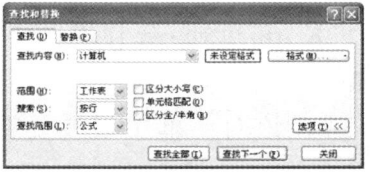
图 3-13 显示所有查找内容

2. 替换数据

替换数据的操作步骤如下。

(1) 打开需要进行替换的工作表。

(2) 在"开始"选项卡中的"编辑"组中单击"查找和选择"按钮,在弹出的下拉列表中选择"替换"命令,弹出"查找和替换"对话框,打开"替换"选项卡,如图 3-14 所示。

(3) 在该选项卡中的"查找内容"下拉列表框中输入要查找的内容;在"替换为"下拉列表框中输入替换的数据内容,如果要逐一查找并替换内容,先单击"查找下一个"按钮,再单击"替换"按钮,替换文本;如果要替换全部内容,则单击"全部替换"按钮。

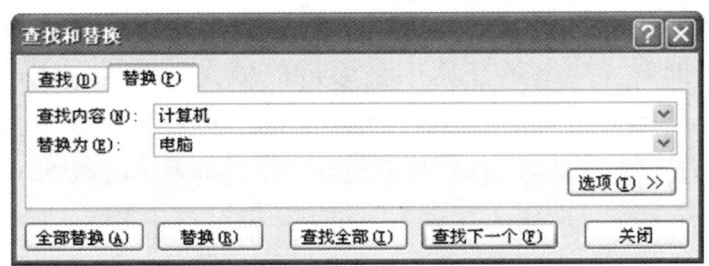

图 3-14 "替换"选项卡

§3.5 数 据 输 入

在单元格中可以输入普通文本、数字、日期时间及逻辑值等多种类型的数据。下面对不同数据的输入方法进行介绍。

3.5.1 常见的数据类型

Excel 2010 中包含 4 种数据类型,分别是文本型数据、数值型数据、日期型数据和时间型数据,它们在工作表中具有不同的含义。

1. 文本型数据

该类数据通常是指字符或者任何数字、空格和字符的组合,如 125DLDW, 32－364 等。

2. 数值型数据

该类数据包含数字和公式两种形式,数字除了通常所理解的形式,还有各种特殊格式的形式,如 12345,(123.62),¥123.56 等。

3. 日期型数据

该类数据是用来表达日期的数据,如 08/07/06,2006-08-07 等。

4. 时间型数据

该类数据是用来表达时间的数据,如 9:00,2:00AM 等。

3.5.2 输入文本

在 Excel 2010 中,文本为数字、空格和一些非数字字符的组合,输入到单元格中的任何字符集,只要不被系统解释成数字、公式、日期、时间或逻辑值,则一律将其视为文本。

输入文本时，只需先将单元格选定，然后直接在单元格中输入内容，最后按回车键确认即可。一个单元格中最多可以输入 32 000 个字符，包含 Excel 公式的单元格最多可以包含 1 024 个字符。对于全部由数字组成的字符串，如电话号码，为了避免被系统认为是数字、公式等数值型数据，Excel 提供了在这些输入项前添加"'"的方法来区分是"数字字符串"而不是"数值"数据。

默认情况下，Excel 2010 中的文本为左对齐，用户可根据需要，单击格式工具栏中的对齐按钮，为单元格设置合适的对齐方式。

当用户输入的文本字符太多而超过单元格宽度时，如果该单元格右侧相邻的单元格中没有内容，则超出的文本会自动延伸到其右侧的单元格中；如果其右侧相邻的单元格中有内容，则超出的文本将隐藏起来，当用户调整该单元格至合适宽度后，该单元格中的数据才会全部显示出来。

3.5.3 输入数字

数字的输入比文本输入复杂，因为输入时要考虑数字的合法性、小数点的位数和数值的表示方法等。用户在建立新的工作表时，所有单元格都采用系统默认的通用数字格式，即整数、小数格式，而当数字的长度超过单元格的宽度时，Excel 将会自动采用科学计数法表示输入的数字。如果要将数字作为常量输入，直接在单元格中输入数字即可，这些数字只包含 0～9、+、-、()、/、$、¥、%、.、,、E、e。

单元格中的数字格式决定工作表中数字的显示方式，如果在包含常规格式的单元格中输入数字，Excel 2010 将根据具体情况套用合适的数字格式，且在输入数字时，单元格中的数字靠右对齐。在输入数字的过程中，用户必须注意以下两方面的问题：

(1) 在输入小于 1 的分数时，可在分数前加"0"，以避免系统将输入的分数误认为是日期；

(2) 输入负数前，应加上"-"号，或将输入的数据放在括号内。

3.5.4 输入时间和日期

在 Excel 2010 中输入时间和日期时，系统会将单元格的格式从通用格式转换为相应的时间和日期格式，而不需要用户设置单元格的格式。

在 Excel 2010 中，系统将时间和日期作为数字进行处理，因此，输入的时间和日期在单元格中靠右对齐。当用户输入的时间和日期不能被系统识别时，系统将认为输入的是文本，并使它们在单元格中靠左对齐。

在单元格中输入时间时,可以用":"分隔时间的各部分;输入日期时,用"/"或"一"分隔日期的各部分,输入完成后,按回车键即可。在输入时间和日期时,应该注意以下两方面的问题:

(1) 如果要在一个单元格中同时输入时间和日期,则需要在时间和日期之间以空格将它们分隔;

(2) 输入时间和日期时,按文本方式输入,并用引号将其括起来,即可进行加减运算。

3.5.5 数据输入技巧

在单元格中输入大量有规律可循的数据时,逐个选中单元格并进行输入会十分麻烦,且输入速度相当慢。如果用户使用 Excel 中的自动填充功能,将会使这一操作变得十分简单,且又可以提高输入的速度。

1. 填充文字

使用自动填充功能填充文字的操作步骤如下。

(1) 选定文字所在的单元格。

(2) 单击该单元格右下角的填充柄并且拖动,即可在鼠标经过的单元格中复制该文字。

2. 填充等差序列

使用自动填充功能填充等差序列的操作步骤如下。

(1) 在选定的单元格中输入一个数字,如 1。

(2) 选定数字所在的单元格,按住"Ctrl"键的同时单击并拖动填充柄,即可以选中单元格中的数字为基数,在鼠标经过的单元格中创建公差为 1 的等差序列。

3. 填充等比序列

使用自动填充功能填充等比序列的操作步骤如下。

(1) 至少选定两个单元格作为序列的基础数据。

(2) 在填充柄上单击鼠标右键并拖动,即可在鼠标经过的单元格中创建等比序列。

4. 填充日期

使用自动填充功能填充日期的操作步骤如下。

(1) 至少选定两个单元格作为填充的基础数据。

(2) 单击并向下拖动填充柄,可按升序填充鼠标经过的单元格;单击并向上拖动填充柄,可按降序填充鼠标经过的单元格。

5. 填充相同数据

如果要在某个单元格区域中填充相同的数据,可按照以下操作步骤进行。

(1) 选定至少有一个单元格中有数据的单元格区域。

(2) 激活编辑栏,按"Ctrl+Enter"键,即可在该单元格区域填充相同的数据。

§3.6 格式设置

在 Excel 2010 中,用户可以对工作表中的单元格进行各种格式化设置,如设置字符格式、数字格式、对齐方式、行高和列宽等。

3.6.1 设置字符格式

通过设置字符格式可以达到美化工作表的目的。设置字符格式主要包括字体、字号、字形以及字符颜色等。

1. 使用对话框设置字符格式

使用对话框设置字符格式的操作步骤如下。

(1) 选定要设置字符格式的文本或数字。

(2) 在"开始"选项卡中的字体选项组中单击"对话框启动器"按钮,弹出"设置单元格格式"对话框,并打开"字体"选项卡,如图 3-15 所示。

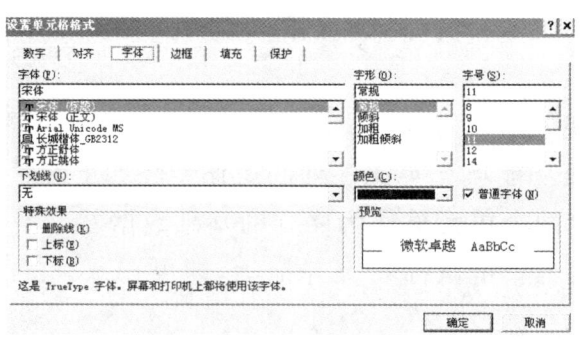

图 3-15 "字体"选项卡

(3) 在"字体"列表框中选择需要的字体,在"字形"列表框中选择合适的字形,在"字号"列表框中选择字号大小。

(4) 单击颜色框右侧的下拉按钮,弹出颜色下拉列表,如图 3-16 所示。用户可在该列表中选择一种颜色作为字符颜色。

(5) 在"下划线"下拉列表中可以为文本添加下划线；在"特殊效果"选项区中可以选中某个复选框，为字符添加特殊效果。

(6) 设置完成后，单击"确定"按钮即可。

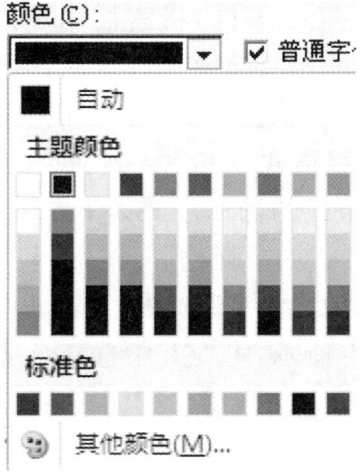

图 3-16　颜色下拉列表

2. 使用"字体"选项设置字符格式

使用"开始"选项卡中的"字体"选项组，可以更加方便快捷地设置字符格式，如图 3-17 所示。

图 3-17　"字体"选项组

(1) 单击 ![] 下拉列表，选择需要的字体。

(2) 单击 ![] 下拉列表，选择字体的可用字号。

(3) 单击 ![] 按钮，增大选定字符的字号。

(4) 单击 ![] 按钮，减小选定字符的字号。

(5) 单击 ![] 按钮，将选定的文字改为粗体格式，再次单击该按钮则取消粗体。

(6) 单击 ![] 按钮，将选定的文字改为斜体格式，再次单击该按钮则取消斜体。

(7) 单击 ![] 按钮，为选定的文字加下划线，再次单击该按钮则取消下划线。

(8) 单击 ![] 下拉列表，选择一种颜色作为字符颜色。

3.6.2 设置数字格式

数字格式是指数字、日期、时间等各种数值数据在工作表中的显示方式。在工作表中，应根据数字含义的不同，将它们以不同的格式显示出来。数字格式通常包括常规、数值、货币、会计专用、日期、时间、百分比、分数、科学计算、文本和特殊格式，用户可以根据需要，在单元格中设置合适的数字格式。

1. 使用功能区设置数字格式

使用功能区设置数字格式的操作步骤如下。

（1）选定要设置数字格式的单元格。

（2）在"开始"选项卡中的"数字"选项组中单击"常规"右侧的下拉按钮，弹出其下拉列表，如图 3-18 所示，可在其中选择合适的数字格式。

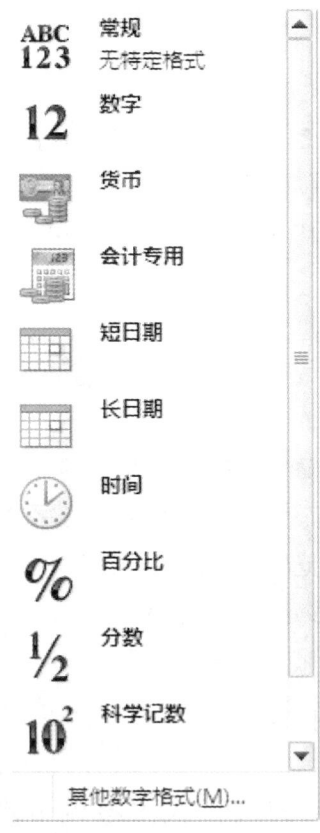

图 3-18 "数字格式"下拉列表

2. 使用对话框设置数字格式

使用对话框设置数字格式的操作步骤如下。

（1）选定要设置数字格式的单元格。

（2）在"开始"选项卡中的"数字"选项组中单击"对话框启动器"按钮，即可弹出"设置单元格格式"对话框,并打开"数字"选项卡。

(3)在"分类"列表框中选择数字格式,在右侧的列表中对选中的格式进行详细设置,如图3-19所示。

(4)在"分类"列表框中选择"日期"时设置对话框,用户可在右侧的"类型"列表框中选择合适的日期类型。设置完成后,单击"确定"按钮即可。

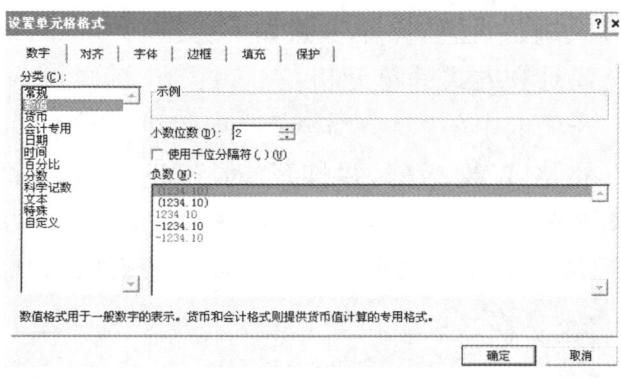

图 3-19 "数字"选项卡

3.6.3 设置对齐方式

在 Excel 2010 中,用户可以使用两种方法设置单元格的对齐方式,下面分别进行介绍。

1. 使用功能区设置对齐格式

使用功能区设置对齐格式的操作步骤如下。

(1)选定要设置对齐方式的单元格。

(2)在"开始"选项卡中的"对齐方式"选项组中,可根据需要单击相应的对齐选项按钮,设置单元格的对齐方式,如图 3-20 所示。

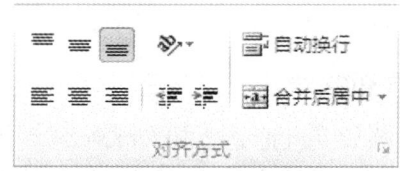

图 3-20 "对齐方式"选项组

单击"顶端对齐"按钮,可使字符在单元格中顶端对齐;

单击"垂直居中"按钮,可使字符在单元格中垂直居中对齐;

单击"底端对齐"按钮,可使字符在单元格中底端对齐;

单击"左对齐"按钮,可使字符在单元格中左对齐;

单击"居中"按钮,可使字符在单元格中居中对齐;

单击"右对齐"按钮，可使字符在单元格中右对齐；

单击"减少缩进量"按钮，可减少字符在单元格中的缩进量；

单击"增大缩进量"按钮，可增大字符在单元格中的缩进量。

2．使用对话框设置对齐格式

如果功能区中的对齐工具按钮不能满足用户的需要，用户可在对话框中对单元格的对齐方式进行设置，操作步骤如下。

（1）选定要设置对齐方式的单元格。

（2）在"开始"选项卡中的"对齐方式"选项组中，单击"对话框启动器"按钮，弹出"设置单元格格式"对话框，并打开"对齐"选项卡，如图 3-21 所示。

（3）用户可在该选项卡中设置文本的对齐方式以及文本的方向等。

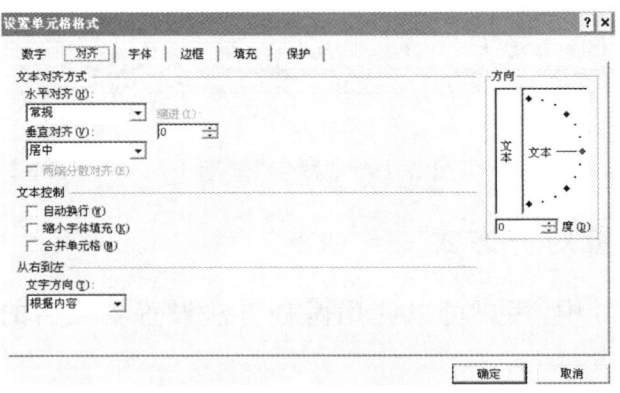

图 3-21 "对齐"选项卡

3.6.4 设置行高和列宽

工作表默认的行高为 13.5，列宽为 8.38，根据需要可适当调整行高和列宽，用户可用鼠标直接在表中调整，也可利用菜单命令对行高和列宽进行精确调整。

1．使用鼠标调整行高和列宽

（1）将鼠标移动到要调整的行标题和列标题的边界线上（用行标题的下边界调整该行的高度，用列标题的右边界调整该列的宽度）。

（2）当光标变为"✛"形状时，按住鼠标左键并拖动到合适的位置。在拖动的过程中，显示当前列的尺寸，调整好后松开鼠标即可。

（3）如果要快速地根据单元格中的内容自动调整行高和列宽，可以直接双击列标题的右边界线或行标题的下边界线。

2．使用菜单命令调整行高和列宽

使用鼠标只能粗略地调整行高和列宽，如果要精确调整，就需要使用菜单命令进行调整,操作步骤如下。

(1) 选定要调整的行或列。

(2) 在"开始"选项卡中的"单元格"选项组中,单击"格式"按钮,弹出下拉菜单。

(3) 在下拉菜单中选择"行高"命令,弹出"行高"对话框,在"行高"文本框中输入数值,单击"确定"按钮,如图 3-22 所示。

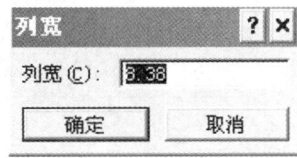

图 3-22 "行高"对话框　　图 3-23 "列宽"对话框

(4) 在下拉菜单中选择"列宽"命令,弹出"列宽"对话框,在"列宽"文本框中输入数值,单击"确定"按钮,如图 3-23 所示。

3.6.5　添加边框

Excel 2010 工作表中的表格是系统虚拟的表格,如果用户不为创建的表格添加边框,则打印出来的表格将只有文本而没边框,因此,用户需要为表格手动添加边框。添加工作表边框的操作步骤如下。

(1) 选定要添加边框的单元格或单元格区域。

(2) 在"开始"选项卡中的"单元格"选项组中,单击"格式"按钮,在弹出的下拉菜单中选择"设置单元格格式"命令,弹出"设置单元格格式"对话框。

(3) 单击"边框"按钮,打开"边框"选项卡。

(4) 在"预置"选项区中选择相应的选项,设置单元格或单元格区域的内边框和外边框。

(5) 在"边框"选项区中选择相应的单元格应用边框,也可以在"边框"选项区的预览框内需要添加边框处单击鼠标。

(6) 在"线条"选项区中选择一种线型。

(7) 在"颜色"下拉列表中选择一种边框颜色,以上参数设置如图 3-24 所示。

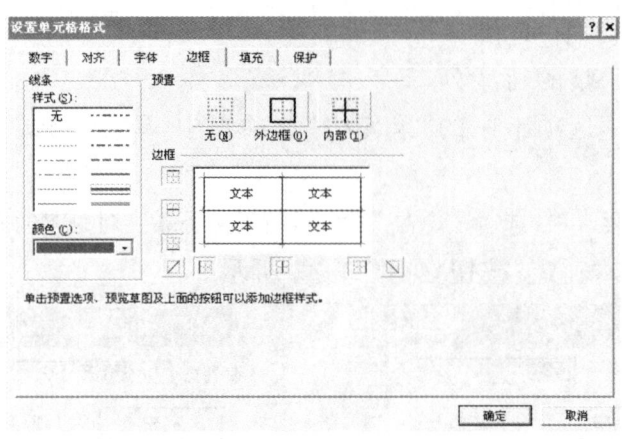

图 3-24　设置边框参数

3.6.6　添加底纹

给工作表的单元格添加底纹,可以改善工作表的视觉效果,添加底纹的操作步骤如下。

(1) 选定要添加底纹的单元格或单元格区域。

(2) 在"开始"选项卡中的"单元格"选项区中,单击"格式"按钮,在弹出的下拉菜单中选择"设置单元格格式"命令,弹出"设置单元格格式"对话框。

(3) 单击"填充"标签,打开"填充"选项卡,如图 3-25 所示。

(4) 在"背景色"列表框中选择一种颜色作为工作表的底纹,也可以在"图案颜色"下拉列表框中选择一种图案作为工作表的底纹。

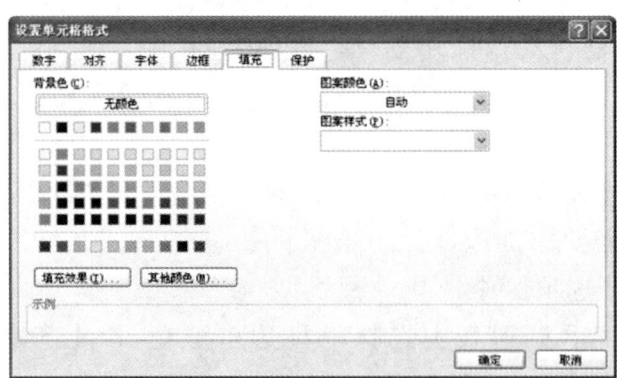

图 3-25　"填充"选项卡

3.6.7　添加背景

用户可以给工作表添加背景图案,其操作步骤如下。

(1) 选定要添加背景图案的工作表。

(2) 在"页面布局"选项卡中的"页面设置"选项组中,单击"背景"按钮,弹出"工作表背景"对话框。

(3) 在"查找范围"下拉列表选择合适的图案,作为工作表的背景图案,单击"插入"按钮即可。

3.6.8 自动套用格式

为了避免设置格式麻烦,用户可以使用自动套用格式快速生成具有一种格式的表格,这样就提高了效率。自动套用格式的操作步骤如下。

(1) 选定要自动套用格式的单元格区域。

(2) 在"开始"选项卡中的"样式"选项组中,单击"套用表格样式"按钮,弹出下拉菜单,如图 3-26 所示。

(3) 在该菜单中选择一种合适的样式,即可弹出"套用表格式"对话框。

(4) 选中"表包含标题"复选框,单击"确定"按钮,如图 3-27 所示。

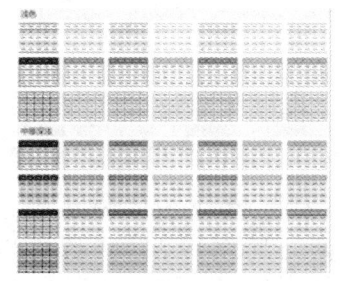

图 3-26 自动套用格式下拉菜单

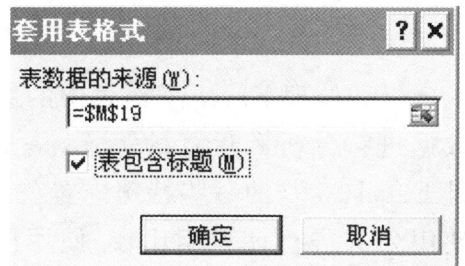

图 3-27 "套用表格式"对话框

3.6.9 应用样式

在 Excel 2010 中,系统提供了一组预定义的样式,用户可以直接应用这些格式,以快速创建具有某种风格的表格。在表格中直接应用样式的操作步骤如下。

(1) 选定要应用样式的单元格区域。

(2) 在"开始"选项卡中的"样式"选项组中,单击"单元格样式"按钮,即可弹出样式下拉列表框,如图 3-28 所示。

(3) 在"主题单元格样式"区域中单击要应用的样式,即可将其应用到选定的单元格区域。

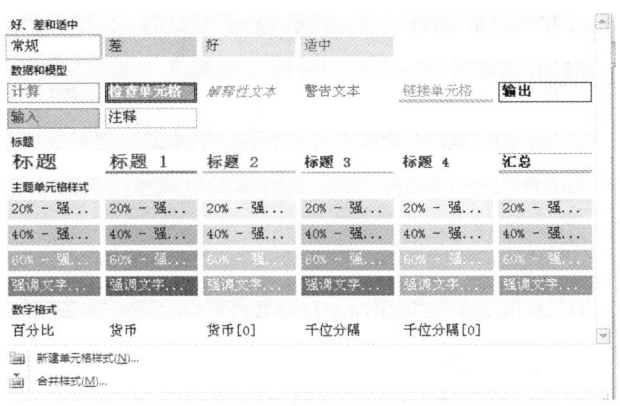

图 3-28 样式下拉列表框

§3.7 公式与函数

分析和处理 Excel 工作表中的数据离不开公式与函数。公式是工作表中对数据进行分析和运算的等式,是工作表的数据计算中不可缺少的部分;函数是 Excel 2010 的一些特殊内置公式,可以进行数学运算和逻辑运算。与直接使用公式进行计算相比较,使用函数进行计算的速度更快,并且可以减少错误的发生。

3.7.1 公式的概述

公式是指使用运算符和函数,对工作表数据以及普通常量进行运算的方程式。在工作表中,可以使用公式与函数对表格中原始数据进行处理。通过公式以及在公式中调用函数,除了可以进行简单的数据计算(如加、减、乘、除),还可以完成较为复杂的财务、统计及科学计算等。一个完整的公式由以下几部分组成。

(1) 等号"=":相当于公式的标记,表示之后的字符为公式;

(2) 运算符:表示运算关系的符号,如加号"+"、引用符号":";

(3) 函数:一些预定义的计算关系,可将参数按特定的顺序或结构进行计算,如求和函数 SUM;

(4) 单元格引用:参与计算的单元格或单元格区域,如单元格 A1;

(5) 常量:参与计算的常数,如数字 2。

3.7.2 创建公式

创建公式的操作步骤如下。

(1) 选定要添加公式的单元格。

(2) 因为所有的公式都是以等号开始的,所以首先在编辑栏输入等号"=",然后输入计算表达式。如果使用的是"函数向导"向单元格输入公式,Excel 会自动在公式前面插入等号。

(3) 单击编辑栏中的"输入"按钮或按"Enter"键完成公式输入,计算结果显示在选定的单元格内,如图 3-29 所示。

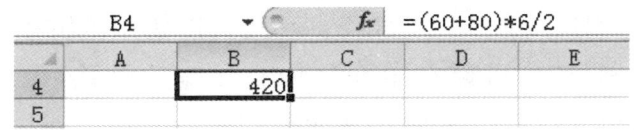

图 3-29 使用键盘创建公式

3.7.3 编辑公式

编辑公式包括修改公式、复制公式和移动公式等。

1. 修改公式

如果发现公式某处有错误,就必须对该公式进行修改,其实公式修改非常简单。修改公式的操作步骤如下。

(1) 单击包含要修改公式的单元格。

(2) 在编辑栏中对公式进行修改,如果要修改公式中的函数,则更换或修改函数的参数。

(3) 单击编辑栏中的"输入"按钮或按"Enter"键完成修改。

2. 复制公式

在 Excel 2010 中编辑好一个公式后,如果在其他单元格中需要编辑的公式与此单元格中编辑的公式相同,可以复制公式。在复制公式时,单元格中的绝对引用不会改变,而相对引用则会改变。例如将 B11 单元格公式复制到 C11 单元格,操作步骤如下。

(1) 选定 B11 单元格,单击鼠标右键,在弹出大快捷菜单中选择"复制"命令。

(2) 右键单击 C11 单元格,在弹出大快捷菜单中选择"粘贴"命令。

3. 移动公式

创建公式后,还可以将其移动到其他单元格。在移动过程中,单元格的绝对引用不会改变,而相对引用会改变。移动公式的操作步骤如下。

(1) 选定 C1 单元格,在 C1 单元格输入公式"=2*3",按回车键确定,将指针移动到 C1 单元格边框上,此时鼠标指针变为"+"形状。

(2) 按住鼠标左键不放,拖动鼠标到 C2 单元格,释放鼠标左键,将公式移动到 C2 单元格,即 C2 单元格输入的公式也是"=2*3"。

3.7.4 函数的概述

函数是由 Excel 2010 内部定义的、完成特定计算的公式。例如,要求单元格 A1 到 H1 中一系列数字之和,可以输入函数"=SUM(A1:H1)",而不是输入公式"=A1+B1+C1+…+H1"。函数可以使用范围引用和数字值。

用户要使用函数时,可以在单元格中直接输入函数,也可以使用函数向导插入函数。每个函数都由下面 3 种元素构成。

(1) 等号"=":表示后面跟着函数(公式);

(2) 函数名(如 SUM):表示将执行的操作;

(3) 变量(如 A1:H1):表示函数将作用的单元格地址,变量通常是一个单元格区域,还可以表示为更为复杂的内容。

3.7.5 常用函数

1. SUM 函数

功能:计算单元格区域中所有数值的和。

语法:SUM(number1,number2,…)

例:(1) SUM(2,3)=5。

(2) 如果 A1 单元格的数据是 5,B1 单元格的数据是 10,那么 SUM(A1,B1)=15。

2. AVERAGE 函数

功能:用于对所有的参数计算算术平均值。

语法:AVERAGE(number1,number2,…)

例:(1) AVERAGE(3,5)=4。

(2) 如果 A1 单元格的数据是 6,B1 单元格的数据是 10,那么 AVERAGE(A1,B1)=8。

3. MAX 函数

功能:返回一组数值中的最大值。

语法:MAX(number1,number2,…)

例:(1) MAX(2,3)=3。
(2) 如果 A1 单元格的数据是 5,B1 单元格的数据是 10,那么
MAX(A1,B1)=10。

4. MIN 函数

功能:返回一组数值中的最小值。

语法:MIN(number1,number2,…)

例:(1) MIN(2,3)=2。
(2) 如果 A1 单元格的数据是 5,B1 单元格的数据是 10,那么
MIN(A1,B1)=5。

5. ABS 函数

功能:返回给定数值的绝对值。

语法:ABS(number)

例:ABS(10)=10,ABS(-10)=10。

3.7.6 输入函数

1. 直接输入函数

用户在编辑公式时,如果对函数十分熟悉,可以直接输入函数,其操作步骤如下。

(1) 在单元格或编辑栏中输入等号"="。

(2) 在"="右侧输入函数本身,如"SUM(A1:A10)"。

(3) 输入完成后,按回车键确认即可。

2. 插入函数

在使用函数时,对于简单的函数可以采用手工直接输入。对于较复杂的函数,为了避免在输入过程中产生错误,可以使用向导来插入函数,其操作步骤如下。

(1) 单击要插入函数的单元格。

(2) 打开"公式"选项卡,在"函数库"组中单击"插入函数"按钮,弹出"插入函数"对话框,如图 3-30 所示。

(3) 在"或选择类别"下拉列表框中选择要输入函数的类别,如"常用函数"。

(4) 在"选择函数"列表中选择需要的函数,如"SUM"求和函数。

(5) 单击"确定"按钮,弹出"函数参数"对话框,如图 3-31 所示。在对话框中输入或选定函数的单元格区域。

（6）单击"确定"按钮即可。

图 3-30 "插入函数"对话框　　图 3-31 "函数参数"对话框

3.7.7 单元格的引用

1. 相对引用

相对引用就是在输入公式时，对单元格数据地址的引用。如果复制公式使用相对引用，被粘贴的单元格地址将被更新，并指向与当前公式地址相对应的其他单元格。相对引用的操作步骤如下。

（1）分别在 A1、B1、C1、A2、B2、C2 单元格中输入数据。

（2）在 D1 单元格中输入公式"＝A1＋B1＋C1"，如图 3-32 所示。

（3）将 D1 单元格中的公式复制到 D2 单元格时，D2 单元格中的公式自动更新为"＝A2＋B2＋C2"，如图 3-33 所示，这种引用为相对引用。

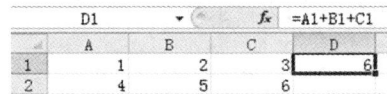　　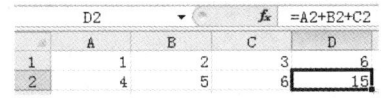

图 3-32 输入公式　　　　　　图 3-33 相对引用

2. 绝对引用

绝对引用和相对引用不同，相对引用时单元格中的公式自动更新，而绝对引用在复制时不改变其公式内容。绝对引用的操作步骤如下。

（1）分别在 A1、B1、C1、A2、B2、C2 单元格中输入数据。

（2）在 D1 单元格中输入公式"＝＄A＄1＋＄B＄1＋＄C＄1"，如图 3-34 所示。

（3）将 D1 单元格中的公式复制到 D2 单元格时，D2 单元格中的公式不自动更新，仍然是"＝＄A＄1＋＄B＄1＋＄C＄1"，这种引用为绝对引用，如图 3-35 所示。

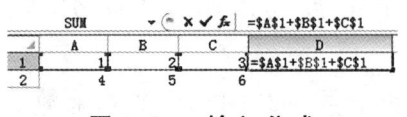　　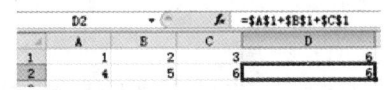

图 3-34 输入公式　　　　　　图 3-35 绝对引用

§3.8 数 据 管 理

Excel 2010 除了可以计算数据，还可以对其进行管理，如对其中的数据进行排序、筛选和分类汇总等操作，从而使数据结构更加清晰，便于用户查看和分析。

3.8.1 数据排序

数据排序是按一定的规则对数据进行整理、排序，Excel 2010 提供了多种排序方法，可以按照普通的升序或降序排序，也可以自定义排序。

1. 普通排序

普通排序是对数据进行升序或降序排序。普通排序的操作步骤如下。

（1）选定要进行排序的某列任意一个单元格，打开"开始"选项卡，单击"编辑"选项组中的"排序和筛选"按钮。

（2）在弹出的下拉菜单中选择"升降"或"降序"命令，可将该列自动按升序或降序排序。

2. 自定义排序

自定义排序是对一些特殊的字段进行排序。自定义排序的操作步骤如下。

（1）选定要进行排序的某列任意一个单元格，打开"开始"选项卡，单击"编辑"选项组中的"排序和筛选"按钮。

（2）在弹出的下拉菜单中选择"自定义排序"命令，弹出"排序"对话框，如图 3-36 所示。

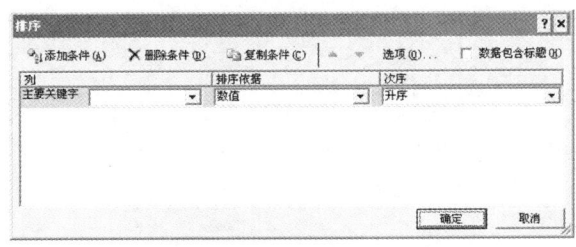

图 3-36 "排序"对话框

（3）在"列"下的"主要关键字"选择要自定义排序的列，在"次序"选择"自定义序列"。弹出"自定义序列"对话框,如图 3-37 所示。

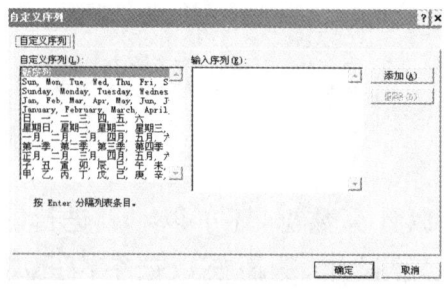

图 3-37 "自定义序列"对话框

(4)在"自定义序列"对话框中,选择或添加所需的序列,单击"确定"按钮,完成自定义序列。

3.8.2 数据筛选

数据筛选是从数据清单中找出满足指定条件的数据,将暂时不需要的记录隐藏起来。数据筛选包括自动筛选和高级筛选。

1. 自动筛选

自动筛选是一种简单而快捷的筛选方法。自动筛选的操作步骤如下。

(1)选定要筛选的工作表的任意单元格。

(2)单击"数据"选项卡,在"排序和筛选"选项组中单击"筛选"按钮,即可看到每列旁边有一个下三角按钮,如图 3-38 所示。

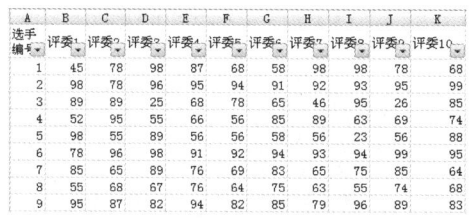

图 3-38 显示下拉列表框

(3)选定"H"列,单击下三角按钮,弹出如图 3-39 所示的下拉菜单。

图 3-39 下拉菜单

(4) 在下拉菜单中选择"自定义筛选"命令,弹出"自定义自动筛选方式"对话框,如图 3-40 所示。

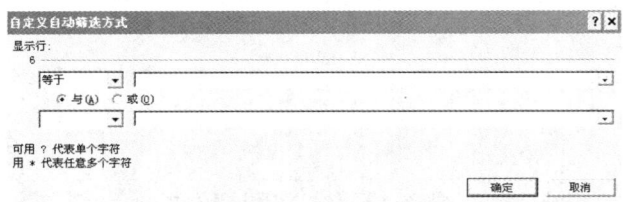

图 3-40　"自定义自动筛选方式"对话框

(5) 在"自定义自动筛选方式"对话框中选择筛选条件,单击"确定"按钮即可。

(6) 如果要取消对某列的数据筛选,单击该列中的"筛选"按钮,在弹出的快捷菜单中选择"从'b'中清除筛选"命令,或单击"排序和筛选"组中的"清除"按钮。

2. 高级筛选

高级筛选提供:

(1) 可设置更复杂的筛选条件;

(2) 可将筛选出的结果输出到指定的位置;

(3) 可指定计算的筛选条件;

(4) 可选出不重复的记录项。

高级筛选的操作步骤如下。

(1) 在可用作条件区域的区域上方插入至少 3 个空白行。条件区域必须具有列标签,确保在条件值与区域之间至少留有一个空白行,如图 3-41 所示。

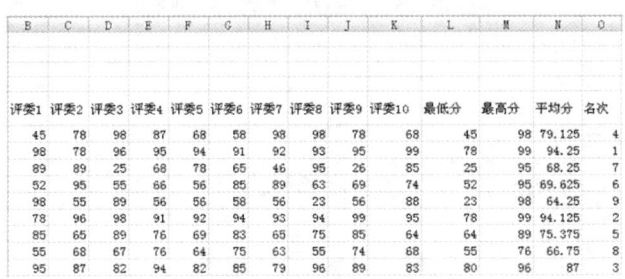

图 3-41　插入空白行

(2) 在列标签下面的行中输入所要匹配的条件,如图 3-42 所示。

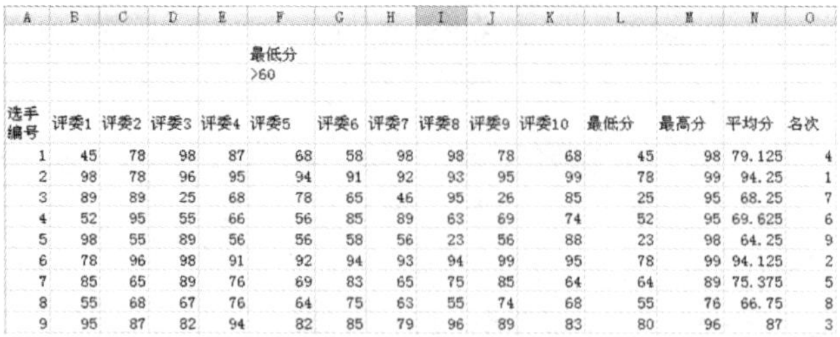

A	B	C	D	E	F	G	H	I	J	K	L	M	N	O
					最低分									
					>60									
选手编号	评委1	评委2	评委3	评委4	评委5	评委6	评委7	评委8	评委9	评委10	最低分	最高分	平均分	名次
1	45	78	98	87	68	58	98	98	78	68	45	98	79.125	4
2	98	78	96	95	94	91	92	93	95	99	78	99	94.25	1
3	89	89	25	68	78	65	46	95	26	85	25	95	68.25	7
4	52	95	55	66	56	85	89	63	69	74	52	95	69.625	6
5	98	55	89	56	56	58	56	23	56	88	23	98	64.25	9
6	78	96	98	91	92	94	93	94	99	95	78	99	94.125	2
7	85	65	89	76	69	83	65	75	85	64	64	89	75.375	5
8	55	68	67	76	64	75	63	55	74	68	55	76	66.75	8
9	95	87	82	94	82	85	79	96	89	83	80	96	87	3

图 3-42　输入筛选条件

(3) 打开“数据”选项卡,在“排序和筛选”组中单击“高级”按钮,弹出“高级筛选”对话框,如图 3-43 所示。

(4) 在“方式”组中选择筛选结果显示的位置。如果选中“在原有区域显示筛选结果”单选按钮,结果将在原数据清单位置显示;如果选中“将筛选结果复制到其他位置”单选按钮,并在“复制到”文本框中选定要复制到的区域,筛选后的结果将显示在其他区域,其结果与原工作表并存。

(5) 在“列表区域”文本框中输入要筛选的区域,也可以用鼠标直接在工作表中选定。在“条件区域”文本框中输入筛选条件的区域。

(6) 如果要筛选重复的记录,则选中“选择不重复的记录”复选框。

(7) 单击“确定”按钮,筛选后的结果将显示在工作表中,如图 3-44 所示。

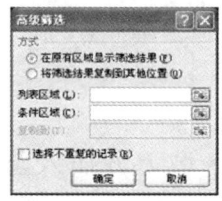

图 3-43　“高级筛选”对话框

	A	B	C	D	E	F	G	H	I	J	K	L	M	N	O
1															
2						最低分									
3						>60									
4															
5	选手编号	评委1	评委2	评委3	评委4	评委5	评委6	评委7	评委8	评委9	评委10	最低分	最高分	平均分	名次
7	2	98	78	96	95	94	91	92	93	95	99	78	99	94.25	1
11	6	78	96	98	91	92	94	93	94	99	95	78	99	94.125	2
12	7	85	65	89	76	69	83	65	75	85	64	64	89	75.375	5
14	9	95	87	82	94	82	85	79	96	89	83	80	96	87	3

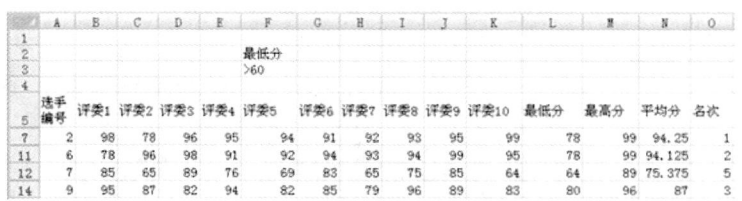

图 3-44　筛选结果

高级筛选的条件设置须按如下规则进行。

(1) 条件区域的首行必须是标题行,其内容必须与目标表格中的列标题匹配,但条件区域标题行中内容的排列顺序与出现次数,都不必与目标表格相同。

(2) 条件区域下方为条件值的描述区,出现在同一行的各个条件间是“与”的关系,出现在不同行的各条件间是“或”的关系。

3.8.3 分类汇总

分类汇总是分析数据库中数据的一个有力工具,它可以自动计算数据清单中的分类汇总。如果要插入分类汇总,就必须先对要分类汇总的数据字段进行排序。

1. 插入分类汇总

在插入分类汇总前要确保分类汇总的数据为数据清单的格式,第一行的每一列都有标志,并且同一列中应包含相似的数据,在数据清单中不应有空行或空列。插入分类汇总的操作步骤如下。

(1) 选定要分类汇总的工作表中的任意单元格。

(2) 排序要分类汇总的列表。

(3) 在"数据"选项卡中的"分级显示"选项组中单击"分类汇总"按钮,弹出"分类汇总"对话框,在该对话框中设置参数如图 3-45 所示。

(4) 单击"确定"按钮。

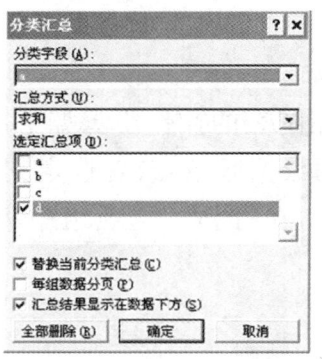

图 3-45 "分类汇总"对话框

2. 清除分类汇总

清除分类汇总的操作步骤如下。

(1) 选定要清除分类汇总数据表中的任意单元格。

(2) 在"数据"选项卡中的"分级显示"选项区中单击"分类汇总"按钮,弹出"分类汇总"对话框。

(3) 在"分类汇总"对话框中,单击"全部删除"按钮即可。

*§3.9 数据图表

在 Excel 2010 中,为了能更加直观地表达数据,可以将数据以图表形式表示出来,也可以使用数据透视图及数据透视表对数据重新组织和统计,方便对数据进行统计和分析。

3.9.1 创建图表

图表将工作表单元格的数值显示为条形、折线、柱形、饼形或其他形状。当生成图表时,图表中自动显示出工作表中的数值。图表与生成它们的工作表数据相连接,当修改工作表数据时,图表也会更新。Excel 2010 中提供了 11 种标准的图表类型,可以使用图表工具按钮创建图表,也可以通过使用图表向导创建图表。

1. 使用图表工具按钮

使用图表工具按钮创建图表的操作步骤如下。

(1) 选定要创建图表的数据区域,或者选定其中的一个单元格。

(2) 打开"插入"选项卡,在"图表"选项组中单击相应的图表类型下拉按钮。如图 3-46 所示。

图 3-46 "图表"选项组

(3) 在弹出的图表列表中选择需要的图表样式即可。

2. 使用图表向导

使用图表向导创建图表的操作步骤如下。

(1) 选定要创建图表的数据区域。

(2) 在"插入"选项卡的"图表"选项组,单击"对话框启动器"按钮,弹出"插入图表"对话框,如图 3-47 所示。

(3) 在"插入图表"对话框的左侧选择图表类型,如柱形图、折线图等;在右边的列表中选择图表的子类型,单击"确定"按钮即可。

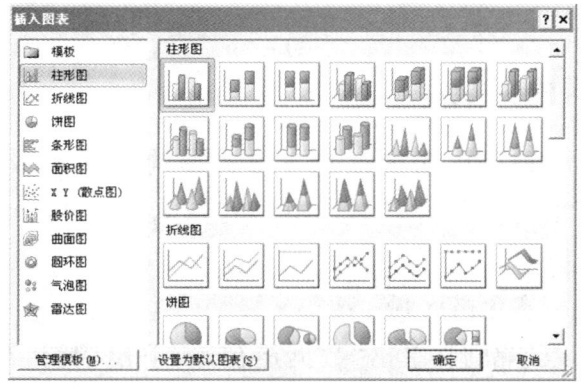

图 3-47 "插入图表"对话框

3.9.2 更改图表类型

创建好图表后,如果要修改图表的类型,可以通过图表工具按钮或"更改图表类型"对话框更改图表的类型。

1. 使用图表工具按钮

(1) 选定要更改类型的图表。

(2) 选择"插入"选项卡,单击"图表"选项组中的图表下拉按钮(如条形图),在弹出的列表中选择其中的一个图表子类型(如三维簇状条形图),如图 3-48 所示,即可更改图表的类型。

图 3-48 三维簇状条形图

2. 使用"更改图表类型"对话框

(1) 选定要更改类型的图表(如柱形图)。

(2) 选择"设计"选项卡,单击"类型"选项组中的"更改图形类型"按钮。

(3) 在打开的"更改图形类型"对话框选择需要的图表类型(如圆环图)并确定,即可更改图表的类型。

3.9.3 数据透视表

数据透视表是一种可以快速汇总大量数据的交互式表,通过直观的方式显示数据汇总的结果,为 Excel 2010 用户的数据查询和分类提供方便,操作步骤如下。

(1) 选定相应的单元格区域。

(2) 选择"插入"选项卡,单击"数据透视表"下拉按钮,在弹出的下拉菜单中选择"数据透视表"命令。

(3) 在打开的"创建数据透视表"对话框中进行相应的设置即可,如图3-49所示。

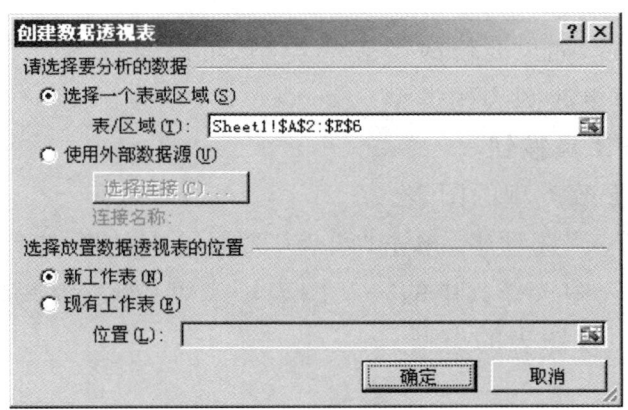

图 3-49 "创建数据透视表"对话框

3.9.4 数据透视图

透视图以图形的形式表示数据透视表中的数据,操作步骤如下。

(1) 选定包含数据的单元格区域。

(2) 选择"插入"选项卡,单击"表格"选项组中的"数据透视表"下拉按钮,在弹出的列表中选择"数据透视图"命令。

(3) 在打开的"创建数据透视表及数据透视图"对话框中进行相应的设置即可,如图3-50所示。

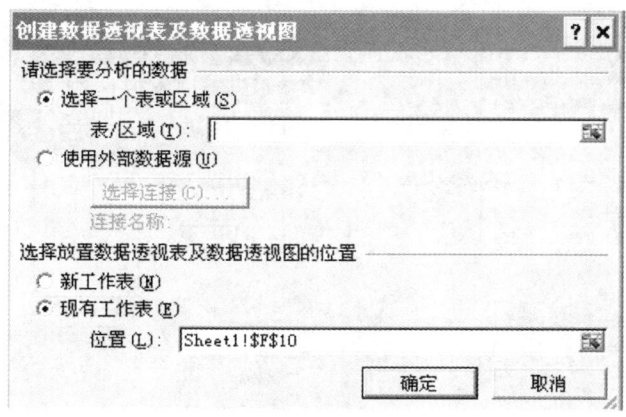

图 3-50 "创建数据透视表及数据透视图"对话框

§3.10 打印工作表

打印是电子表格的一个重要内容，Excel 2010 通过页面设置、打印预览等命令来设置或调整打印效果。

3.10.1 页面设置

打开"页面布局"选项卡，在"页面设置"选项组中单击相应的按钮来对页面进行设置，如图 3-51 所示。

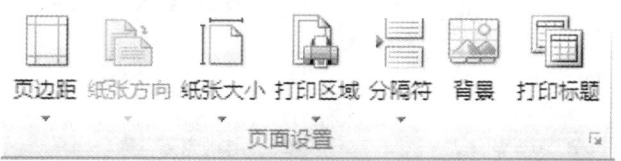

图 3-51 "页面设置"选项组

1. 设置页边距

（1）单击"页边距"按钮设置。

单击"页面设置"选项组中"页边距"按钮，弹出"页边距"下拉列表，如图 3-52 所示，列表提供了普通、宽、窄三种页边距供用户选择。

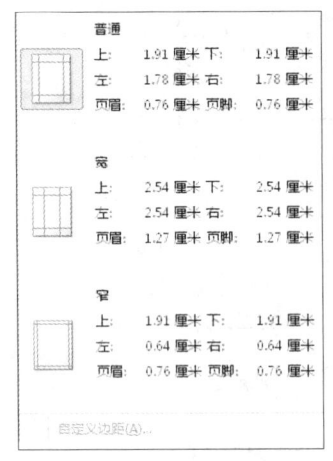

图 3-52 "页边距"下拉列表

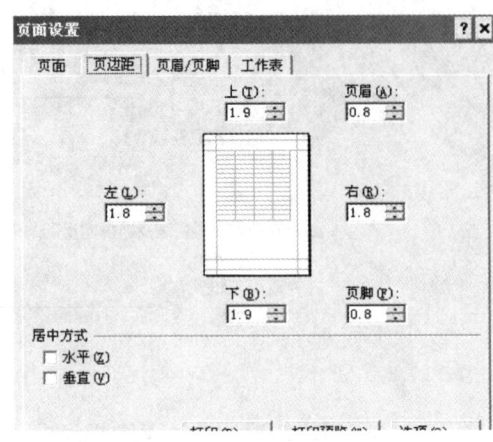

图 3-53 "页面设置"对话框

（2）单击"页边距"选项卡设置。

单击"页面设置"选项组中的"对话框启动器"按钮，弹出"页面设置"对话框，在"页边距"选项卡中的"上""下""左""右"中设置文件与打印纸边缘的距离，如图 3-53 所示。

2. 设置纸张大小

单击"页面设置"选项组中"纸张大小"按钮，弹出"纸张大小"下拉列表，如图 3-54 所示；单击"页面设置"选项组中的"对话框启动器"按钮，弹出"页面设置"对话框，在"页面"选项卡的"纸张大小"列表中选择所需纸张大小，如图 3-55 所示。

图 3-54 "纸张大小"下拉列表

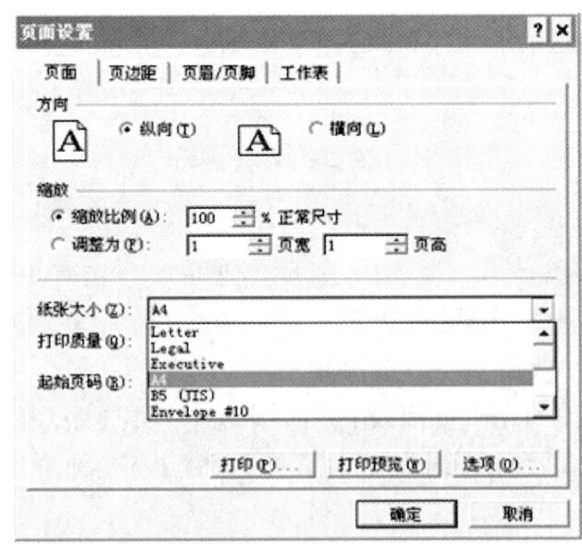

图 3-55 "页面设置"对话框

3. 设置打印区域

如果只打印部分工作表，需选择要打印的数据区域，单击在"页面设置"选项组中单击"打印区域"按钮，选择"设置打印区域"命令即可。

3.10.2 打印预览

页面设置完毕后，可以预览打印效果。方法很简单，单击"文件"选项卡，在弹出菜单中选择"打印"命令，进入 Microsoft Office Backstage 视图，在最右侧的窗格中可以查看工作表的打印效果。

3.10.3 打印表格

打印预览完工作表后，即可打印输出整个工作表或表格的指定区域。

1. 打印当前工作表

单击"文件"选项卡，在弹出菜单中选择"打印"命令，进入 Microsoft Office Backstage 视图，在中间的"打印"窗格中可以设置打印份数、设置打印范围和页码范围、打印方式、纸张、页边距及缩放比例等，设置完毕后，单击"打印"按钮，即可打印当前工作表。

2. 打印指定区域

单击"文件"选项卡，在弹出菜单中选择"打印"命令，进入 Microsoft Office Backstage 视图，在中间的窗格"设置"选项区单击"打印活动工作表"下拉菜单选择"打印选定区域"选项。此时在右侧的预览窗格中即可预览指定区域的打印效果。单击"打印"按钮，即可打印工作表的指定区域。

§3.11 实战演练

3.11.1 实战演练1

制作一张作息表和课程表，如图3-56所示。

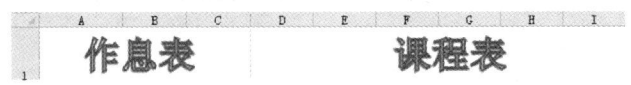

图 3-56 作息表和课程表

主要用到合并单元格、在单元格中输入文本、插入艺术字、设置背景和插入图片等功能,操作步骤如下。

(1) 启动 Excel 2010 应用程序,新建一个空白工作表。

(2) 选定单元格 A1~C1 和 D1~K1,在"开始"选项卡中的"对齐方式"选项区中单击"合并后居中"按钮,并在单元格内插入艺术字"作息表"和"课程表",调整艺术字的大小及位置,如图 3-57 所示。

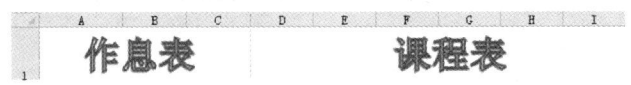

图 3-57 插入艺术字

(3) 在单元格 A2~B17 中输入作息表内容文字,字体为加粗"华文新魏",大小为"12",颜色为"红色",如图 3-58 所示。

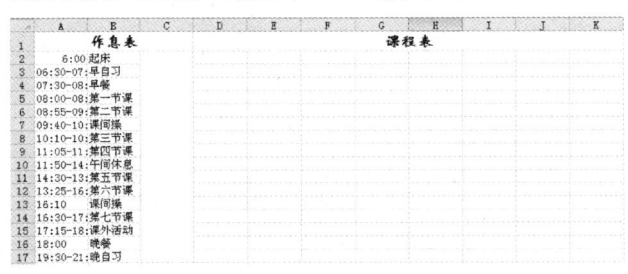

图 3-58 输入作息表内容

(4) 选定单元格 C2~C17,单击"开始"选项卡的"对齐方式"选项组中的"合并后居中"按钮,合并单元格。

(5) 在"插入"选项卡中的"插图"选项组中单击"形状"按钮,从弹出的下拉列表中选择"╲"工具。

(6) 在单元格 D2~D3 中绘制斜线,并在 D2 单元格中输入文字"星期",字体为"华文彩云",大小为"11",并使其右对齐;在 D3 单元格中输入文字"节次",字体为"华文彩云",大小为"11",并使其左对齐,如图 3-59 所示。

第 3 章 Excel 2010

图 3-59　合并单元格与内容输入

（7）分别合并单元格 D4～D5，D6～D7，D8～D9，D10～D11，D12～D13，D14～D15 以及 E2～E3，F2～F3，G2～G3，H2～H3，I2～I3，J2～J3，K2～K3，如图 3-60 所示。

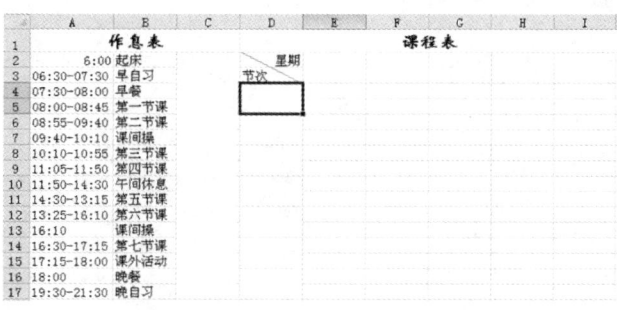

图 3-60　合并单元格

（8）分别在单元格 D4～D17 和 E2～I2 中输入加粗文字，字体为"华文彩云"，大小为"16"，颜色为"红色"，如图 3-61 所示。

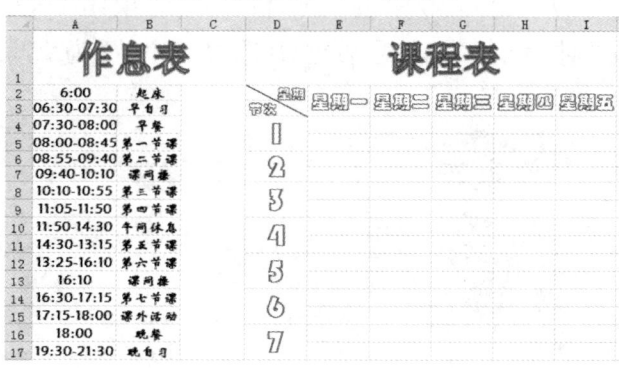

图 3-61　输入文字内容

（9）分别合并"星期一"至"星期五"下方的单元格 4～17 行，如图 3-62 所示。

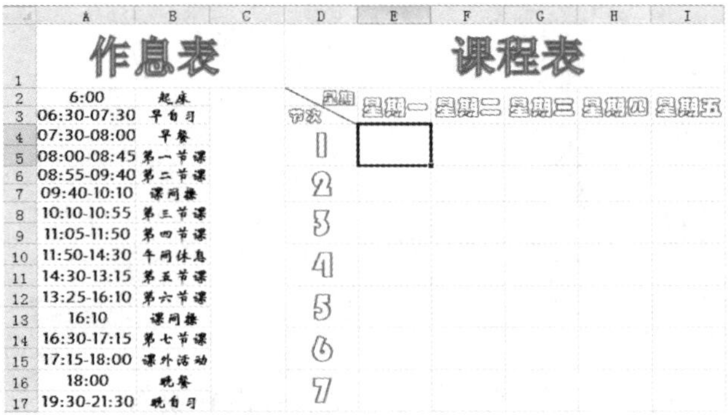

图 3-62　合并单元格

（10）在合并后的单元格区域中输入文字内容，字体为"隶书"，大小为"16"，颜色为"深蓝"，效果如图 3-63 所示。

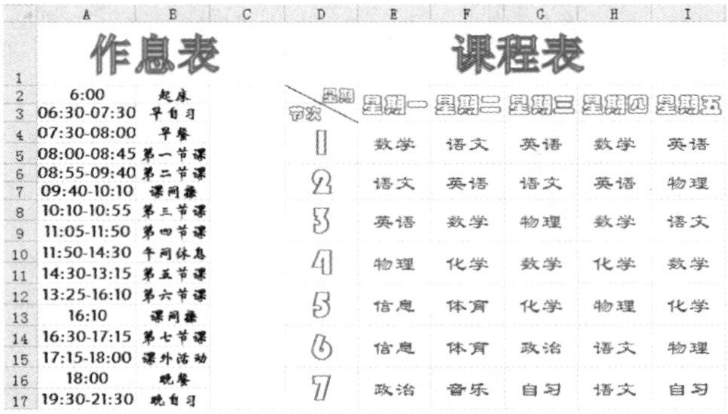

图 3-63　输入文字内容

（11）在"页面布局"选项卡中的"页面设置"选项组中，单击"背景"按钮，弹出"工作表背景"对话框，在该对话框中选择要设置为背景的图片，效果如图 3-64 所示。

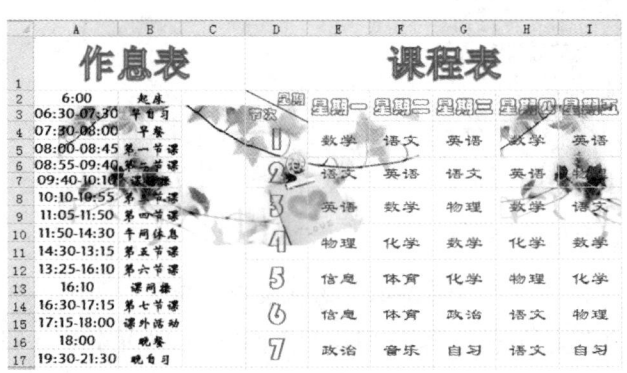

图 3-64　设置背景

（12）选中 A1～C1 单元格区域，单击鼠标右键，从弹出的快捷菜单中选择"设置单元格格式"命令，弹出"设置单元格格式"对话框，打开"边框"选项卡,如图 3-65 所示。

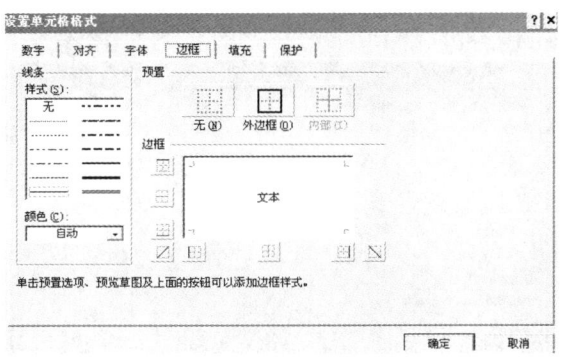

图 3-65 "边框"选项卡

(13) 在"预置"选项组中选择"外边框"选项,在"样式"设置区域中选择线条样式,并设置其颜色,然后单击"边框"设置区域中的按钮,为表格添加边框。设置完成后,单击"确定"按钮,如图 3-66 所示。

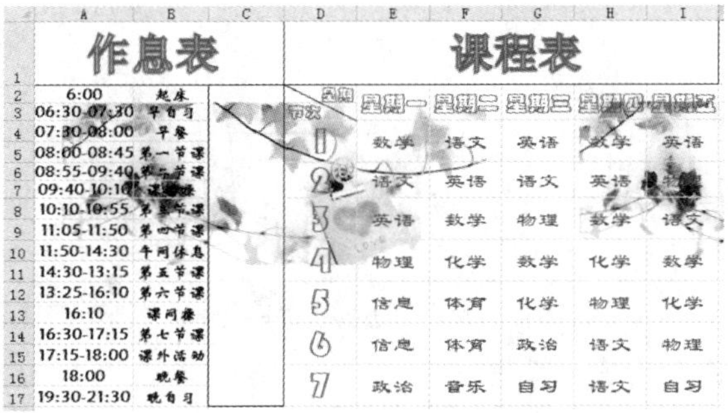

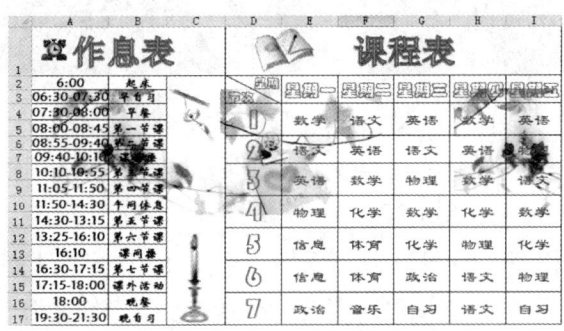

图 3-66 设置边框效果

(14) 按照步骤(12)~(15)的方法,为其他单元格区域设置边框。

(15) 单击"插入"选项卡中的"插图"选项区中单击"图片"按钮,弹出"插入图片"对话框,在该对话框中选择要使用的图片,在工作表中插入几幅图片,如图 3-67 所示。

图 3-67 插入图片

（16）在"页面布局"选项卡中的"页面设置"选项区中单击"对话框启动器按钮"，弹出"页面设置"对话框，在该对话框中设置参数。如图3-68所示。

图 3-68　页面设置

（17）单击"确定"按钮，确认页面设置。至此，作息表和课程表制作完成，如图3-56所示。

3.11.2　实战演练2

制作学生成绩表并在工作表中插入图表，如图3-69所示。

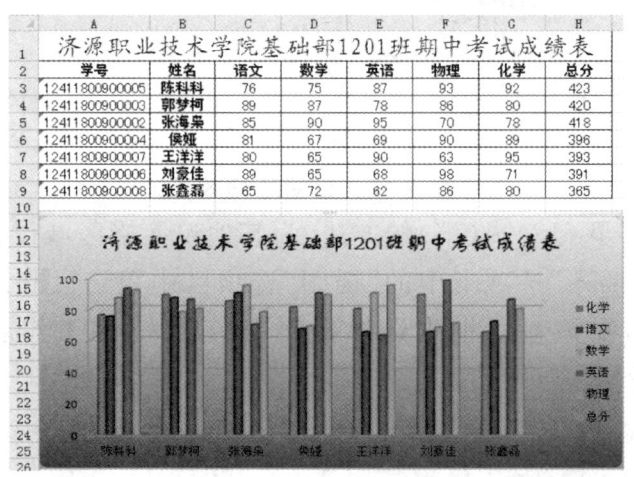

图 3-69　学生成绩表

主要用到公式、函数和排序插入图表等功能，操作步骤如下。

（1）启动 Excel 2010 应用程序，新建一个空白工作表。

（2）选定单元格 A1～H1，在"开始"选项卡中的"对齐方式"选项区中单击 按钮，在下拉列表中选择"合并后居中"命令，将这几个单元格合并为一个单元格。

（3）在空白工作表中输入基础部1201班学生期中考试成绩，如图3-70所示。

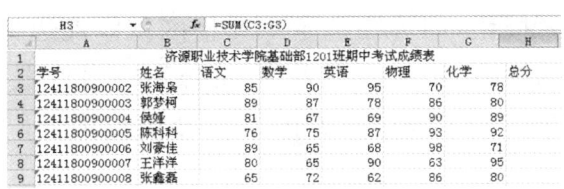

图 3-70 输入成绩

(4) 选定单元格 H3,在"开始"选项卡中的"编辑"选项区中单击"自动求和"按钮 Σ▼,用鼠标选定单元格 C3～G3,按"Enter"键计算出总分,如图 3-71 所示。

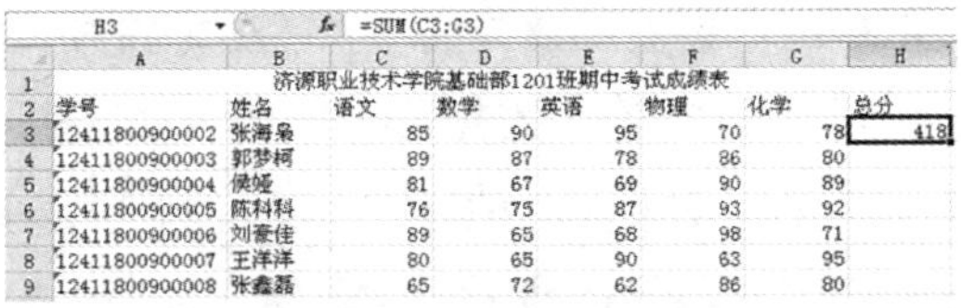

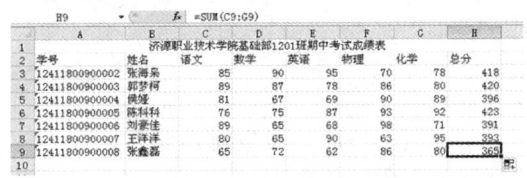

图 3-71 输入公式计算总分

(5) 单击并拖动 H3 单元格右下角的填充柄,将其拖过单元格 H4～H9,即可将该公式复制到这些单元格中并计算出总分,如图 3-72 所示。

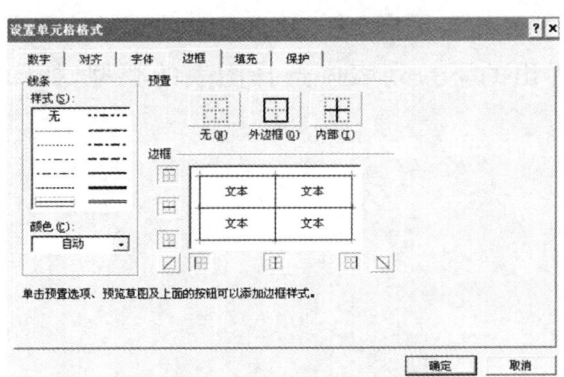

图 3-72 复制公式计算总分

(6) 选定单元格 A1～H9,在"开始"选项卡中的"单元格"选项区中单击"格式"按钮,在弹出的下拉菜单中选择"设置单元格格式"命令,弹出"设置单元格格式"对话框。

(7) 单击"边框"标签,打开"边框"选项卡,设置边框参数,如图 3-73 所示。

图 3-73 设置边框参数

(8) 单击"确定"按钮，即可在选定单元格区域添加边框。

(9) 选定表格的标题，将字体设置为"楷体"，字号设置为"20"。将其他单元格中文字及数字的字体设置为"黑体"，字号设置为"12"，并使它们居中对齐，如图3-74所示。

	A	B	C	D	E	F	G	H
1	济源职业技术学院基础部1201班期中考试成绩表							
2	学号	姓名	语文	数学	英语	物理	化学	总分
3	124118009000002	张海枭	85	90	95	70	78	418
4	124118009000003	郭梦柯	89	87	78	86	80	420
5	124118009000004	侯娅	81	67	69	90	89	396
6	124118009000005	陈科科	76	75	87	93	92	423
7	124118009000006	刘蒙佳	89	65	68	98	71	391
8	124118009000007	王洋洋	80	65	90	63	95	393
9	124118009000008	张鑫磊	65	72	62	86	80	365

图3-74　设置文本字体、字号及对齐方式

(10) 选定单元格A2～H9，在"数据"选项卡中的"排序和筛选"选项区中单击"排序"按钮，弹出"排序"对话框，在其中设置排序参数，如图3-75所示。

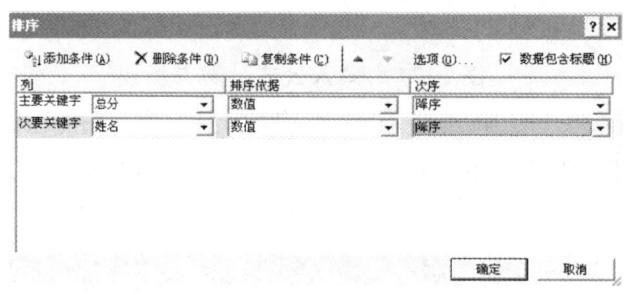

图3-75　设置排序参数

(11) 单击"确定"按钮，排序结果如图3-76所示。

	A	B	C	D	E	F	G	H
1	济源职业技术学院基础部1201班期中考试成绩表							
2	学号	姓名	语文	数学	英语	物理	化学	总分
3	124118009000005	陈科科	76	75	87	93	92	423
4	124118009000003	郭梦柯	89	87	78	86	80	420
5	124118009000002	张海枭	85	90	95	70	78	418
6	124118009000004	侯娅	81	67	69	90	89	396
7	124118009000007	王洋洋	80	65	90	63	95	393
8	124118009000006	刘蒙佳	89	65	68	98	71	391
9	124118009000008	张鑫磊	65	72	62	86	80	365

图3-76　数据排序

(12) 选定A1～H9单元格，在"插入"选项卡中的"图表"选项区中单击"柱形图"按钮，在弹出的下拉列表中选择图表的类型，如图3-77所示。

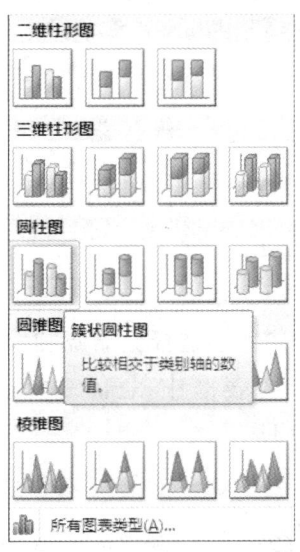

图 3-77 选择图表类型

(13) 单击选定的图表,即可根据选中的数据区域创建一个图表,如图 3-78 所示。

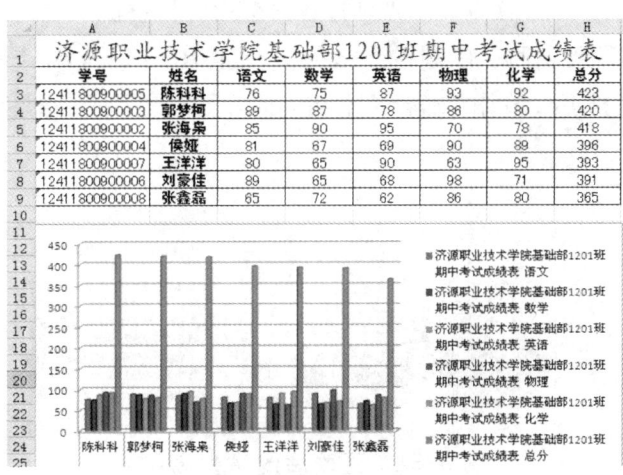

图 3-78 创建图表

(14) 选定图例的首行,在"图表工具"上下文工具中的"设计"选项卡中的"数据"选项区中单击"选择数据"按钮,弹出"选择数据源"对话框,如图 3-79 所示。

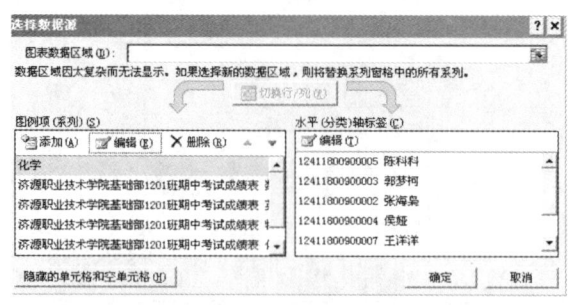

图 3-79 "选择数据源"对话框

(15)选定图例项(系列)列表框中的第一行,单击"编辑"按钮,弹出"编辑数据系列"对话框,如图 3-80 所示。

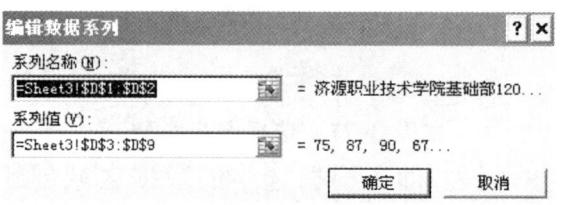

图 3-80 "编辑数据系列"对话框

(16)单击"系列名称"右侧的按钮,在工作表中重新选择系列。

(17)选择完成后,单击"确定"按钮,即可更改图表中图例的系列名称,如图 3-81 所示。

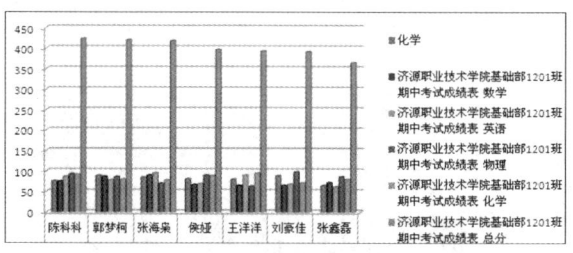

图 3-81 更改后的系列名称

(18)重复步骤(14)~(17)的操作,更换图例中的其他行,如图 3-82 所示。

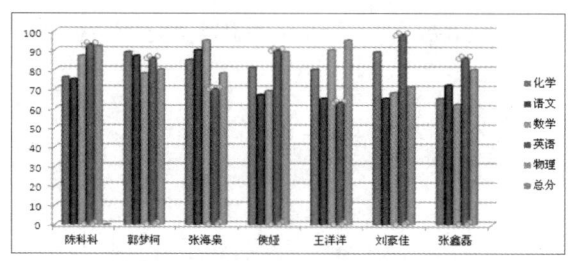

图 3-82 更改后的系列名称

(19)在图表的空白处单击鼠标右键,从弹出的快捷菜单中选择"设置图表区域格式"命令,弹出"设置图表区格式"对话框,如图 3-83 所示。

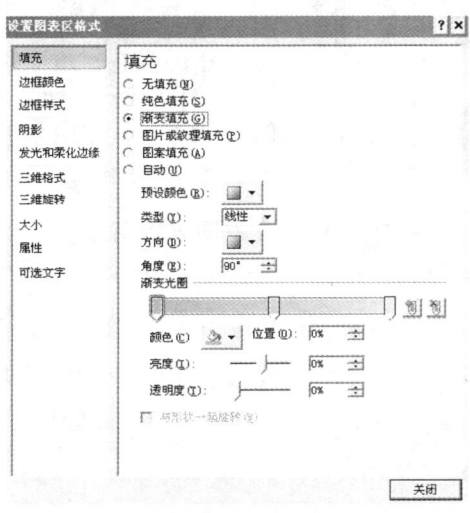

图 3-83　"设置图表区格式"对话框

(20)在"填充"选项区中选中"渐变填充"单选按钮,在"预设颜色"选项区中选择"茵茵绿原"选项,并在其他选项区中设置参数,如图 3-84 所示。

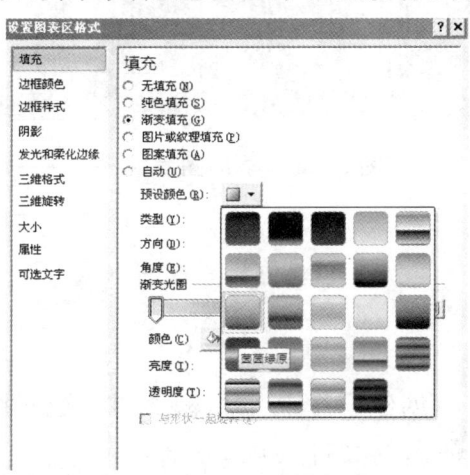

图 3-84　"茵茵绿原"选项

(21)单击"关闭"按钮,即可将所设的参数应用到当前图表中去,如图 3-85 所示。

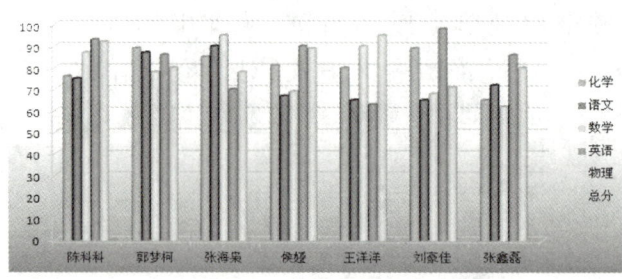

图 3-85 设置图表区背景

(22)选定图表,在"图表工具"下文工具中的"布局"选项卡中的"标签"选项区中单击"图表标题"按钮,在弹出的下拉菜单中选择"图表上方"命令,即可在图表上方添加一个标题,并将图表标题文本框中的文字选中并删除,重新在其中输入图表的标题,并设置其字体及字号,如图 3-86 所示。至此,学生成绩表制作完成,如图 3-69 所示。

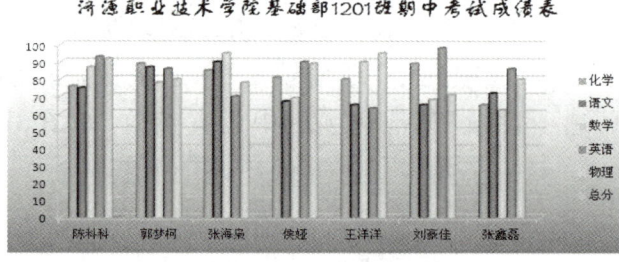

图 3-86 添加图表标题

1. 上机操作题一。

(1)启动 Excel 2010,创建一个新工作簿文件,文件名为 Excel1.xlsx,保存在 D 盘以自己学号命名的文件夹内。

(2)在 Excel 2010 中输入如表 3-1 所示的数据。

表 3-1 工资表

	A	B	C	D	E	F
1	某公司员工工资表					
2	序号	姓名	部门	工作时数	小时报酬	薪水
3	1	李为众	软件部	160	36	
4	2	张凯光	销售部	140	28	
5	3	刘华	培训部	140	21	
6	4	张健	软件部	160	34	
7	5	赵大海	软件部	140	31	
8	6	王明帅	销售部	140	23	
9	7	马万里	培训部	140	28	
10	8	于丹	软件部	160	42	
11	9	宋斌	销售部	140	28	
12	10	王路	培训部	140	21	
13	11	陈启钊	销售部	140	23	
14	12	蒋子涵	软件部	160	25	
15	13	苏金阳	软件部	160	45	
16	14	张伟	销售部	140	41	
17	15	刘宝	培训部	140	21	
18	16	徐鹏辉	销售部	140	20	
19	17	夏凉	软件部	160	39	
20	18	刘利强	软件部	160	33	

（3）用公式计算每位职工的薪水，将薪水数据用千位分隔符方式表示，并保留两位小数。

（4）对表格中的标题"某公司员工工资表"合并单元格并居中，高 18 磅，其他数据均水平居中，将该工作表命名为"工资表"。

（5）将表中数据复制到另外 2 张表中，并将工作表分别命名为"筛选表"和"汇总表"。

（6）在"筛选表"中，筛选出薪水超过 5 000 元（包括 5 000 元）的记录。

（7）在"汇总表"中，统计出各部门薪水的平均值。

（8）给该工资表设置合适的外框线和内框线。

2. 上机操作题二。

（1）启动 Excel 2010，创建一个新工作簿文件，文件名为 Excel2.xlsx，保存在 D 盘以自己学号命名的文件夹内。

（2）在 Excel 2010 中输入如表 3-2 所示的数据。

表 3-2 成绩表

	A	B	C	D	E
1	姓名	数学	外语	计算机	总分
2	吴华	98	77	88	263
3	钱玲	88	90	99	277
4	张家鸣	67	76	76	219
5	杨梅华	66	77	66	209
6	汤沐化	77	65	77	219
7	万科	88	92	100	280
8	苏丹平	43	56	67	166
9	黄亚非	56	77	65	198

(3)将数据列表的姓名字段右边增加性别字段,第 2、4、7、8 条记录为女同学,其他为男同学。

(4)将数据列表复制到 Sheet2 中,对 Sheet2 中的数据按性别排列,男同学在上,女同学在下,性别相同的按总分降序排列。

(5)在 Sheet2 中筛选出总分小于 200 或大于 270 的女生记录。

(6)将 Sheet1 中的数据复制到 Sheet3 中,然后对 Sheet3 中的数据进行下列分类汇总操作:按性别分别求出男生和女生的各科平均成绩(不包括总分),平均成绩保留 1 位小数。

第 4 章　PowerPoint 2010

学习目标

◎ 认识 PowerPoint 2010 的工作界面。
◎ 了解在幻灯片中输入和编辑内容的方法。
◎ 了解在幻灯片中插入艺术字的方法。
◎ 了解在幻灯片中插入图片、图表及声音的方法。
◎ 掌握幻灯片切换效果的设置。
◎ 掌握幻灯片动画的设置方法。
◎ 掌握放映幻灯片的方法和技巧。

PowerPoint 2010 可以制作出漂亮的 PPT 演示文稿，帮用户在会议和演讲中更加直观、形象地表达想要阐述的内容。本章介绍 PowerPoint 2010 的基础知识，以使用户掌握制作演示文稿的基本方法。

§4.1　PowerPoint 2010 使用入门

PowerPoint 2010 是 Microsoft Office 2010 软件包中的一种制作演示文稿的办公软件。要想使用它作一次有声有色的报告，制作一个好的幻灯片是基础。本节主要介绍 PowerPoint 2010 的启动、工作界面、视图方式和退出等内容。

4.1.1　启动 PowerPoint 2010

常用的启动 PowerPoint 2010 的方法有以下几种。

1. 常规启动

单击"开始"→"程序"→"Microsoft Office"→"Microsoft Office

PowerPoint 2010"命令按钮。

2. 桌面快捷图标启动

双击桌面的 PowerPoint 2010 快捷图标。

3. 通过现有演示文稿启动

在资源管理器中找到已经创建好的演示文稿,然后双击图标。

4.1.2 PowerPoint 2010 工作界面

启动程序后,屏幕上将显示出 PowerPoint 2010 的工作界面,由"文件"按钮、快速访问工具栏、标题栏、功能选项卡和功能区等几部分组成,如图 4-1 所示。

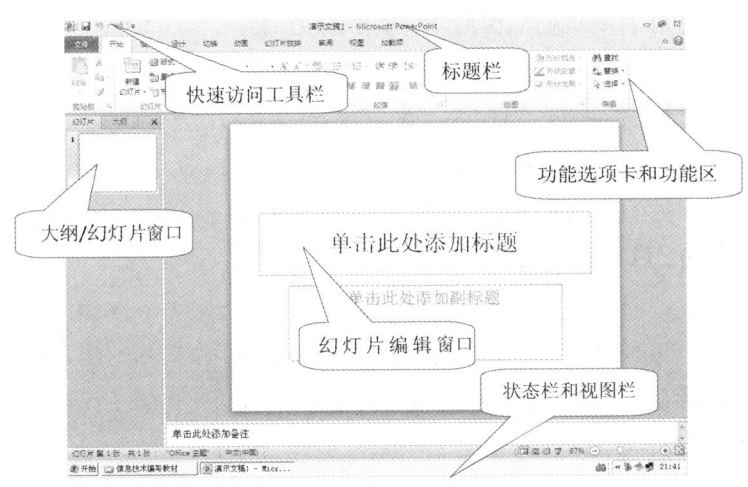

图 4-1 PowerPoint 2010 的工作界面

1. 标题栏

标题栏位于窗口最上方,用来显示应用程序的名字和当前正在编辑文档的名称。

2. 快速访问工具栏

快速访问工具栏位于 PowerPoint 2010 工作界面的左上角,由最常用的保存、撤销及恢复等工具按钮组成。

3. 功能选项卡和功能区

功能区位于快速访问工具栏的下方,功能区包含的主要有"开始""插入""设计""转换""动画""幻灯片放映""审阅""视图"和"加载项"9 个选项卡。

4. 幻灯片编辑窗口

幻灯片编辑窗口位于工作界面的中间,用于显示和编辑当前的幻灯片。

5. 大纲/幻灯片窗口

大纲/幻灯片窗口位于幻灯片编辑窗口的左侧,用于显示当前演示文稿的幻灯片数量,包括大纲和幻灯片两个选项卡,单击选项卡的名称可以在不同的选项卡之间切换。

6. 状态栏和视图栏

状态栏提供了正在编辑的文稿所包含幻灯片的总张数(分母),当前处于第几张幻灯片(分子),以及该幻灯片使用的设计模板名称;视图栏包括视图按钮组、显示比例和调节页面显示比例的控制杆,单击视图按钮组的按钮,可以在各种视图之间进行切换。

4.1.3 视图方式

视图是 PowerPoint 文档在电脑屏幕中的显示方式。选择"视图"选项卡,在"演示文稿视图"选项组中可以选择普通视图、幻灯片浏览、备注页及阅读视图,如图 4-2 所示。

图 4-2 "演示文稿视图"选项组

1. 普通视图

普通视图是 PowerPoint 2010 文档的默认视图,是主要的编辑视图,可以用于撰写和设计演示文稿。在该视图中,左窗格中包含"大纲"和"幻灯片"两个标签,并在下方显示备注窗格,状态栏显示了当前演示文稿的总页数和当前显示的页数,用户可以使用垂直滚动条上的"上一张幻灯片"和"下一张幻灯片"在幻灯片之间切换。

2. 幻灯片浏览

幻灯片浏览可以显示演示文稿中的所有幻灯片的缩图、完整的文本和图片。在该视图中,可以调整演示文稿的整体显示效果,也可以对演示文稿中的多个幻灯片进行调整,主要包括幻灯片的背景和配色方案、添加或删除幻灯片、复制幻灯片以及排列幻灯片。但是在该视图中不能编辑幻灯片中的具体内容。

3. 备注页

用户如果需要以整页格式查看和使用备注,可以使用备注页视图,在这种视图下,一页幻灯片将被分成两部分,其中上半部分用于展示幻灯片的内容,下半部分用于建立备注。

4. 阅读视图

阅读视图可以将演示文稿作为适应窗口大小的幻灯片放映查看,在页面上单击,即可翻到下一页。

4.1.4 退出 PowerPoint 2010

退出 PowerPoint 2010 的常用方法有以下几种。

(1) 单击 PowerPoint 2010 标题栏上的"关闭"按钮 ×。
(2) 单击"文件"按钮,从弹出的菜单中选择"退出"命令。
(3) 在 PowerPoint 2010 的工作界面中按组合键"Alt+F4"。

§4.2 编辑演示文稿

在 PowerPoint 中,存在演示文稿和幻灯片两个概念,使用 PowerPoint 制作出来的整个文件叫演示文稿,而演示文稿中的每一页叫幻灯片,每张幻灯片都是演示文稿中既相互独立又相互联系的内容。本节主要介绍演示文稿与幻灯片的基本操作。

4.2.1 演示文稿的基本操作

1. 新建演示文稿

新建演示文稿的方式主要有以下几种。

(1) 启动 PowerPoint 2010 后,软件将自动新建一个样式文稿。
(2) 选择"文件"选项卡,在窗口左侧选择"新建"命令,然后单击中间的"空白样式文稿"按钮,再单击右侧的"创建"按钮,即可得到新建的样式文稿,在中间区域可以选择多个模板类型。
(3) 打开文件夹,在空白处单击鼠标右键,在弹出的菜单中选择"新建"命令,然后在其子菜单中选择"Microsoft Office PowerPoint 演示文稿"命令,即可新建一个演示文稿。

2. 打开演示文稿

对于已经存在并编辑好的演示文稿,用户在下一次需要查看或者编辑时,就先要打开该演示文稿。打开演示文稿的方法有以下几种。

(1) 启动 PowerPoint 2010 后,选择"文件"选项卡,再选择"最近所用文件"命令,在中间可以显示最近使用过的文件名称,选择所需的文件即可打开该演示文稿。

(2) 选择"文件"选项卡,再选择"打开"命令,将弹出"打开"对话框,选择所需的演示文稿后,单击"打开"按钮即可。

(3) 进入演示文稿所在的文件夹,双击该文件即可打开演示文稿。

3. 保存演示文稿

在制作演示文稿的过程中,需要一边制作一边进行保存,这样可以避免因为意外情况而丢失正在制作的演示文稿。保存演示文稿的方法有以下几种。

(1) 在"快速访问工具栏",单击"保存"按钮。

(2) 单击"文件"选项卡,在下拉菜单中单击"保存"按钮。

(3) 单击"文件"选项卡,在下拉菜单中单击"另存为"按钮。弹出"另存为"对话框,选择保存位置及输入文件名称,单击"保存"按钮,如图 4-3 所示。

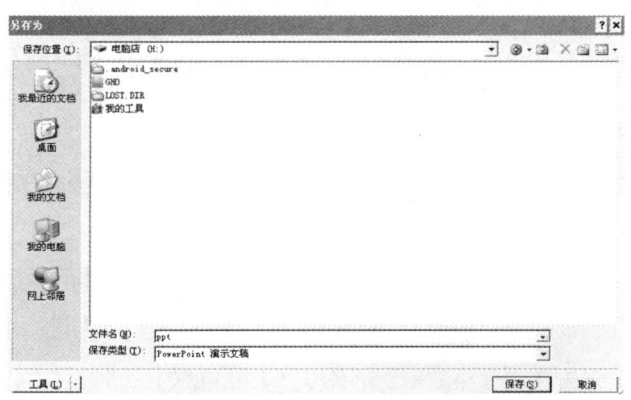

图 4-3 "另存为"对话框

4. 放映演示文稿

放映演示文稿的方法有以下两种。

(1) 单击快捷键"F5",从幻灯片第一页开始播放。

(2) 按组合健"Shift+F5",从鼠标选中的当前页进行播放。

5. 关闭演示文稿

当用户不再对演示文稿进行编辑操作时,就需要关闭此演示文稿,因为打开太多的文件会让电脑运行速度变慢。关闭演示文稿的方法有以下几种。

(1) 选择"文件"选项卡,单击左侧的"关闭"按钮。

(2) 单击文件窗口右上角的"关闭"按钮。

(3) 按组合键"Ctrl+W"或按组合键"Ctrl+F4"。

4.2.2 幻灯片的基本操作

1. 新建幻灯片

(1) 选择"开始"选项卡,在"幻灯片"选项组中单击"新建幻灯片"上方的按钮,这时将得到一个新的幻灯片。

(2) 选择"开始"选项卡,在"幻灯片"选项组中单击"新建幻灯片"文字按钮,即可弹出一个下拉菜单,在其中可以选择预设的几种幻灯片样式。

如果需要更改幻灯片的版式,可以使用鼠标右键单击幻灯片,在弹出的菜单中选择"版式"命令,在其子菜单中选择要更改的版式即可。

(3) 将鼠标放到幻灯片下方灰色区域,单击鼠标右键,在弹出的菜单中选择"新建幻灯片",同样可以新建幻灯片。

2. 选定幻灯片

只有在选定了幻灯片后,用户才能对其进行编辑和各种操作。选定幻灯片的方法主要有以下几种。

(1) 选定单张幻灯片。

使用鼠标左键单击需要选定的幻灯片,即可将其选定。

(2) 选定多张不连续幻灯片。

按住"Ctrl"键单击需要选择的幻灯片,即可选择多张幻灯片。

3. 移动幻灯片

选定需要移动的幻灯片,如第三张幻灯片,按住鼠标左键将其向上拖动,到第二张幻灯片顶部。到达合适的位置后,松开鼠标左键,则原位置的幻灯片将被移动到新的位置,原本第三张幻灯片变为第二张。

4. 复制幻灯片

打开需要操作的演示文稿,选定需要复制的幻灯片,在其中单击鼠标右键,即可弹出一个菜单,选择"复制"命令,复制幻灯片后,在需要粘贴的位置单击鼠标右键,在弹出的菜单中选择"粘贴"命令,在其中可以选择粘贴文字或图片。粘贴幻灯片后,幻灯片将进行自动排序。

5. 删除幻灯片

用户在编辑幻灯片的过程中,难免会出现无用的幻灯片,对于这一类不需要的幻灯片,可以将其删除,这样能够减小演示文稿的容量。删除幻灯片的方法有以下几种。

(1) 选定需要删除的幻灯片,直接按"Delete"键,即可将该幻灯片删除。

(2) 使用鼠标右键单击要删除的幻灯片,在弹出的菜单中选择"删除幻灯片"命令,即可删除该幻灯片。

§4.3 创建演示文稿

文本是演示文稿中至关重要的部分,它对文稿的主题及问题的说明与阐述发挥着其他方式不可替代的作用。本节主要介绍文本的输入方法、文本的格式设置及创建简单的演示文稿的方法。

4.3.1 输入文本

在 PowerPoint 2010 中,不能直接在幻灯片中输入文字,只能通过占位符或文本框来添加文字。

1. 输入文字

(1) 在"文本占位符"中输入文字,如图 4-4 所示。

在普通视图中,幻灯片中会出现"单击此处添加标题"或"单击此处添加副标题"等提示文本框,这种文本框统称为"文本占位符",单击"文本占位符"即可输入文字。

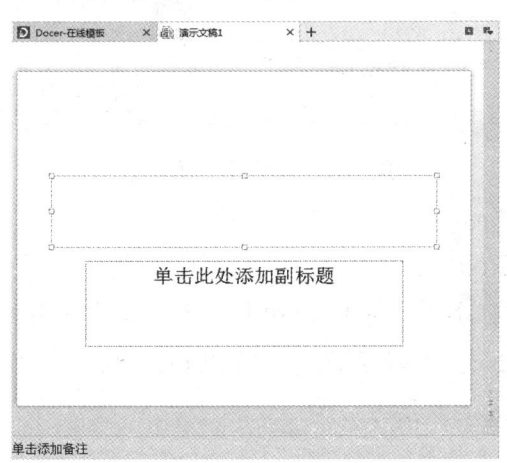

图 4-4 在"文本占位符"中输入文字

(2) 在"大纲"窗口中输入文字。

在"大纲"窗口中输入文字的同时,可以浏览所用幻灯片的内容。同时在"大纲"窗口中输入文字,输入的文字内容会自动转换为该幻灯片的标题。

(3) 在"文本框"中输入文字。

单击"插入"选项卡"文本"选项组中的"文本框"按钮,在弹出的下拉菜单中选择"横排文本框"菜单或"垂直文本框"菜单;将鼠标指针移动到幻灯片中,当光标变为向下的箭头时,按住鼠标左键并拖动,即可创建一个文本框,单击文本框即可输入文字。

2. 输入符号

(1) 打开需要输入符号的演示文稿,将光标插入目标位置,再选择"插入"选项卡,在"符号"选项组中单击"符号"按钮。

(2) 打开"符号"对话框,在"字体"下拉菜单中可以选择插入符号的字体样式,在"子集"下拉菜单中可以选择插入的符号类型,如"基本拉丁语""数学运算符"和"制表符"等。

(3) 选择好所需的符号后,单击"插入"按钮,即可将该符号插入到指定的位置,完成后单击"关闭"按钮关闭该对话框,如图 4-5 所示。

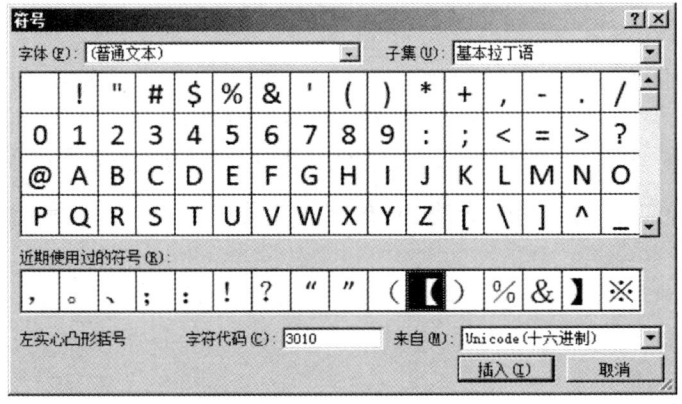

图 4-5 "符号"对话框

3. 输入公式

(1) 打开 PowerPoint 2010,将光标插入需要输入公式的占位符中,然后选择"插入"选项卡,在"符号"选项组中单击"公式"按钮。

(2) 在弹出的"公式"下拉菜单中,可以看到预设的几种公式,用户可以根据需要进行选择,如图 4-6 所示。

图 4-6 "公式"下拉菜单

4.3.2 设置文本格式

1. 设置字体格式

(1) 选定需要设置字体格式的文字。

(2) 在"开始"选项卡上的"字体"选项组中,可根据需要单击相应的选项按钮设置字体格式,字体格式主要包括文字的字体、字号、字形以及文字颜色等,如图 4-7 所示。

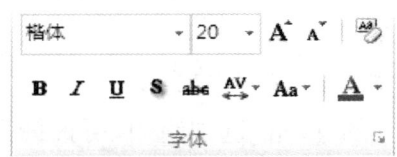

图 4-7 "字体"选项组

(3) 单击"字体"选项组中的"字体"对话框按钮,弹出"字体"对话框,设置字体格式,如图 4-8 所示。

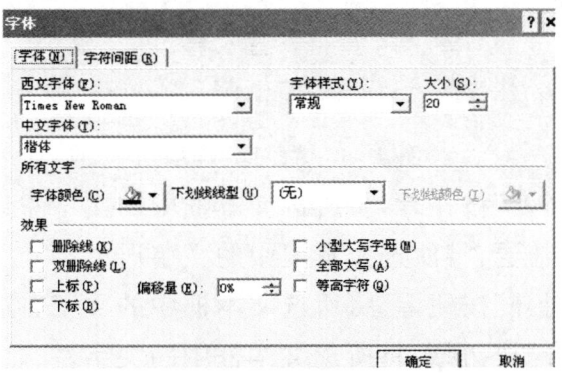

图 4-8 "字体"对话框

2. 更改字体方向

将光标插入需要更改字体方向的占位符中,选择"开始"选项卡,在"段落"选项组中单击"文字方向"按钮,在弹出的下拉菜单中可以选择多种方向调整样式,如图 4-9 所示。

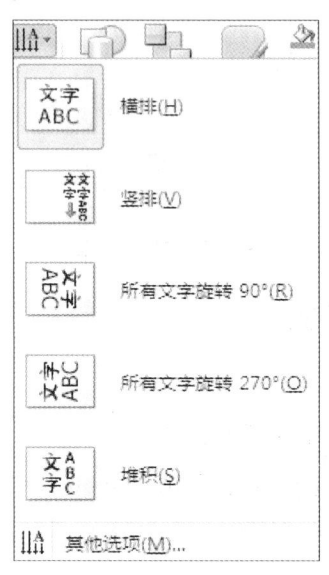

图 4-9 "文字方向"下拉菜单

3. 设置段落对齐方式

(1) 选定需要设置段落对齐方式的文字。

(2) 在"开始"选项卡上的"段落"选项组中,可根据需要单击相应的选项按钮,可设置段落对齐方式,主要包括文本左对齐、居中、文本右对齐、两端对齐及分散对齐,如图 4-10 所示。

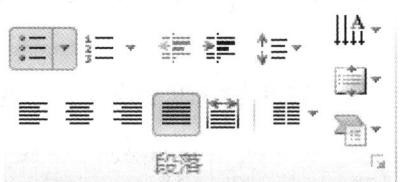

图 4-10 "段落"选项组

单击"文本左对齐"按钮,将所选文本框中的文字左边对齐,右边不齐;

单击"居中"按钮,将所选文本框中的文字居中;

单击"文本右对齐"按钮,将所选文本框中的文字右边对齐,左边不齐;

单击"两端对齐"按钮,将所选文本框中的文字左、右两边同时对齐;

单击"分散对齐"按钮,通过调整空格,使所选文本框中的文字各行(包括末行)等宽。

4. 设置段落缩进、行距和间距

(1) 选定需要设置的文本。

(2) 在"开始"选项卡上的"段落"选项组中,单击"段落"选项组中的显示"段落"对话框按钮,弹出"段落"对话框,如图4-11所示。

(3) 在缩进选项中,特殊格式选择缩进方式,如悬挂缩进、首行缩进等。

(4) 在间距选项中,设置段前、段后间距及行距。

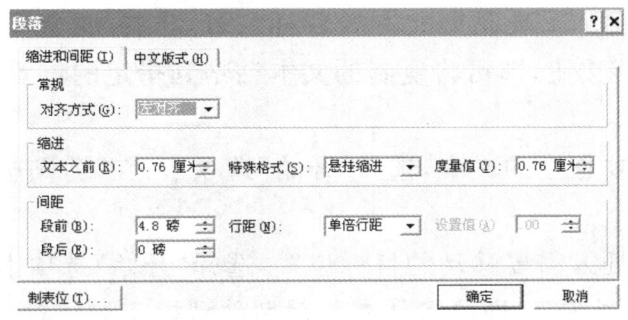

图 4-11 "段落"对话框

5. 设置段落分栏

(1) 将光标插入到需要设置分栏的段落中。

(2) 选择"开始"选项卡,在"段落"选项组中单击"分栏"按钮,在弹出的菜单中可以选择分栏的栏数。

(3) 在"分栏"下拉菜单中选择"更多栏"命令将打开"分栏"对话框,在"数字"数值框中可以设置分栏数量,在"间距"数值框中可以设置栏之间的距离参数,设置好分栏数和间距后,单击"确定"按钮,如图4-12所示。

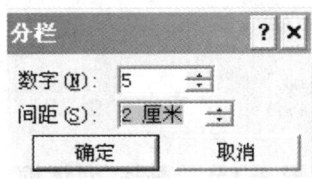

图 4-12 "分栏"对话框

6. 设置项目符号

(1) 将光标插入需要设置项目符号的段落中。

(2) 选择"开始"选项卡,在"段落"选项组中单击"项目符号"按钮右侧的三角形按钮 ≡▾,在弹出的下拉菜单中可以选择项目符号样式。

7. 设置段落编号

(1) 将光标插入需要设置编号的段落中。

(2) 选择"开始"选项卡,在"段落"选项组中单击"编号"按钮右侧的三角形按钮≡▾,在弹出的下拉菜单中可以选择预设的编号样式。

4.3.3 编辑文本

1. 复制与粘贴文本

(1) 选定需要复制的文本,选择"开始"选项卡,在"剪贴板"中单击"复制"按钮,即可复制所选的内容。

(2) 将光标插入需要粘贴文本的目标位置,选择"开始"选项卡,在"剪贴板"中单击"粘贴"按钮,即可将复制的文本粘贴到指定的位置。

2. 移动文本

(1) 选定需要移动的文本,选择"开始"选项卡,在"剪贴板"选项组中单击"剪切"按钮。

(2) 将光标插入需要移动的目标位置,选择"开始"选项卡,在"剪贴板"选项组中单击"粘贴"按钮,即可将文本移动粘贴到指定的位置。

3. 查找与替换文本

(1) 选择"开始"选项卡,在"编辑"选项组中单击"查找"按钮,这时将弹出"查找"对话框,在其中输入需要查找的内容,单击"查找下一个"按钮,将自动在文稿中依次选择相同的内容。

(2) 如果需要将查找的内容进行替换,可以单击"替换"按钮,进入到"替换"对话框,在其中输入查找内容和替换内容,如图 4-13 所示。

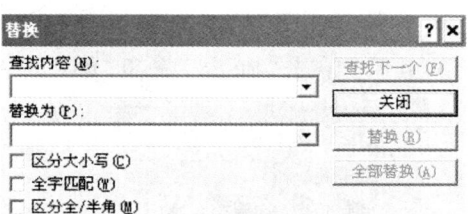

图 4-13 "替换"对话框

§4.4 丰富演示文稿

在幻灯片中添加艺术字、图片、图表和声音等多媒体对象,可以增加幻灯片的感染力,让人们主动地投入到幻灯片所要表达的有声有色的感官世界。本节主要介绍艺术字、图片、表格、图表、图形、声音、视频的插入及格式设置。

4.4.1 插入艺术字

利用 PowerPoint 2010 中的艺术字功能插入艺术字,可以创建带阴影、扭曲、旋转和拉伸的艺术字。

1. 插入艺术字

插入艺术字的操作步骤如下。

(1) 打开演示文稿,在"插入"选项卡的"文本"选项组中单击"艺术字"按钮。

(2) 在弹出的"艺术字"下拉列表框中选择填充-无,轮廓-强调文字颜色 2 选项,如图 4-14 所示。

图 4-14 "艺术字"下拉列表框

(3) 单击鼠标,在幻灯片中即可自动插入一个艺术字框。

(4) 单击该艺术字框,出现鼠标指针,输入需要的文字内容,即可完成艺术字的添加。

2. 设置艺术字格式

插入的艺术字仅仅具有一些美化的效果,如果要设置更美观的字体,则需要设置艺术字。设置艺术字格式的操作步骤如下。

(1) 选定艺术字,进入编辑状态。

(2) 单击"格式"选项卡"艺术字样式"选项组中的"艺术字样式"按钮。

(3) 在打开的下拉列表框中选择一种选项,如"转换"之后,在弹出的列表框中选择"正三角"选项,如图 4-15 所示。

图 4-15 "艺术字样式"下拉列表框

4.4.2 插入图片

1. 插入图片

(1) 新建一个"标题和内容"幻灯片,如图 4-16 所示。

(2) 在幻灯片中将显示几个图标,单击"插入来自文件的图片"图标,这时将弹出"插入图片"对话框;或者单击"插入"选项卡"图片"选项组中的"图片"按钮,也可弹出"插入图片"对话框。

(3) 选择要插入的图片,单击"插入"按钮,图片即可插入到幻灯片中。

图 4-16 "标题和内容"幻灯片

2. 设置图片格式

(1) 更改图片大小。

应先选定图片,选择"格式"选项卡,在"大小"选项组中输入具体数值更改图片大小,如图 4-17 所示。

图 4-17 "大小"选项组

(2) 更改图片位置。

应先选定图片,当指针在图片上变为✥形状时,按住鼠标左键拖动,即可更改图片位置。

(3) 旋转图片。

应先选定图片,单击"排列"选项组中的"旋转"按钮,在弹出的下拉菜单中选择一种旋转命令后,可以预览旋转效果。

2. 叠放顺序

多张图片在一起摆放时,可以调整顺序,以突出重点及非重点的图片显示方式。调整叠放顺序的操作步骤如下。

(1) 选定重叠摆放图片中任意一张。

(2) 单击"格式"选项卡"排列"选项组中的排列方式的"上移一层"按钮、"下移一层"按钮和"选择窗格"按钮,即可调整图片的叠放顺序。

4.4.3 插入表格

1. 插入表格

(1) 手动绘制表格。

选择"插入"选项卡,单击"表格"选项组中的"表格"按钮,在弹出的菜单中选择"绘制表格"命令,这时光标将变为笔形,在幻灯片中拖动鼠标绘制表格外边框,然后在表格中绘制横线和竖线作为表格行和列的界线。

(2) 使用"插入表格"按钮。

选择"插入"选项卡,单击"表格"选项组中的"表格"按钮,在弹出的菜单中拖动鼠标即可选择表格的行数和列数,松开鼠标后,将在光标插入点创建表格。

(3) 使用"插入表格"对话框。

选择"插入"选项卡,单击"表格"选项组中的"表格"按钮,在弹出的菜单中选择"插入表格"命令,将弹出"插入表格"对话框,在其中设置表格的行和列,单击"确定"按钮,即可在幻灯片中插入一个表格。

2. 设置表格格式

(1) 调整表格大小。

在幻灯片中创建表格后,将鼠标放到表格四周任意一个点,当鼠标变为双向箭头时,拖动鼠标即可缩放表格大小。

(2) 插入及删除行和列。

在"行和列"选项组中可以设置在何处插入行和列,单击"删除"按钮,在弹出的下拉菜单中可以选择删除行或列,或者是整个表格。

(3) 合并单元格。

如果要合并单元格,可以选定需要合并的单元格,选择"布局"选项卡,单击"合并"选项组中的"合并单元格"按钮。

(4) 设置底纹与边框。

如果要设置表格样式,可以选择"设计"选项卡,在"表格样式"选项组中选择一种样式,将快速应用到表格中,该选项组右侧的三个按钮分别可以自定义设置表格的底纹、边框和效果。

4.4.4 插入图表

1. 插入图表

打开需要插入图表的演示文稿,选择"插入"选项卡,单击"插图"选项组中的"图表"按钮,将弹出"图表"对话框,在左侧列表框中选择一种图表类型,在右侧再选择一种子类型,单击"确定"按钮,将在幻灯片中插入所选类型的图表,如图 4-18 所示。

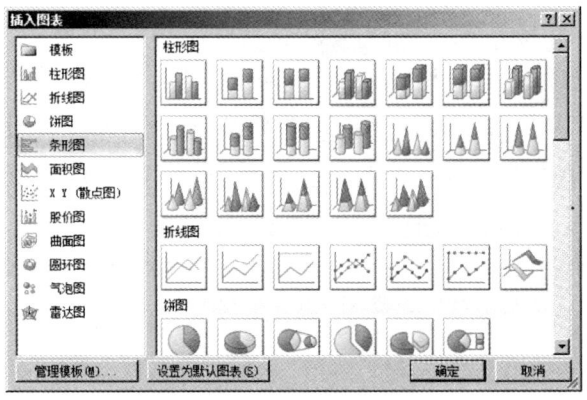

图 4-18 "图表"对话框

2. 设置图表布局和样式

(1) 选定需要设置布局和样式的图表,选择"设计"选项卡,在"图表布局"选项组中可以选择默认的图表布局。

(2) 选定图表标题和坐标轴标题,修改为合适的内容。

(3) 选定图表标题文字,选择"开始"选项卡,在"字体"选项卡中可以设置字体、字号和颜色等。

(4) 选定"格式"选项卡,在"艺术字样式"选项组中还可以对文字应用艺术效果。

3. 更改图表类型

选定已创建的图表，单击鼠标右键，在弹出的菜单中选择"更改图表类型"命令，这时将打开"更改图表类型"对话框，在左侧列表框中选择一种图表类型，在右侧再选择一种子类型，单击"确定"按钮，即可得到更改后的图表。

4.4.5 插入 SmartArt 图形

在制作演示文稿时，经常需要制作流程图，用以说明各种概念性的内容。使用 PowerPoint 2010 中的 SmartArt 图形功能可以在幻灯片中快速地插入 SmartArt 图形。

1. 插入 SmartArt 图形

（1）新建一个幻灯片，选择"插入"选项卡，单击"插图"选项组中的"SmartArt"按钮。

（2）打开"选择 SmartArt 图形"对话框，在对话框左侧可以选择 SmartArt 图形的类型，中间选择该类型中的一种布局方式，右侧则会显示该布局的说明信息。

（3）选择一种类型，如"流程"，再选择其中的一种布局方式，如"交替流"，单击"确定"按钮，即可在幻灯片中创建该 SmartArt 图形。如图 4-19 所示。

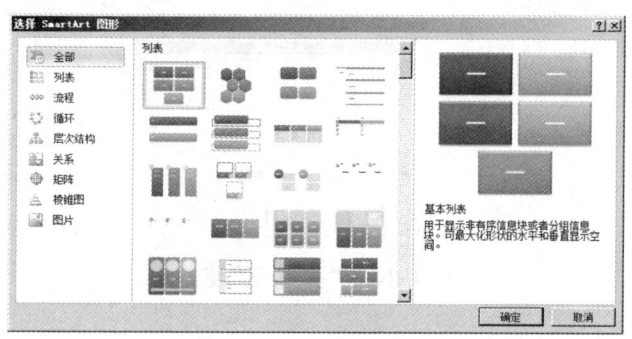

图 4-19 "选择 SmartArt 图形"对话框

2. 设置 SmartArt 图形格式

（1）选定已经插入到幻灯片中的 SmartArt 图形，选择"设计"选项卡，单击"布局"选项组中的"更改布局"按钮，选择一种布局后，即可改变幻灯片中的布局结构。

（2）如果要改变其中的某一个图形，可以单击该图形边框，然后选择"格式"选项卡，单击"形状"选项组中的"更改形状"按钮，在弹出的菜单中选择更改后的形状，选择一种形状后，即可改变当前选择图形的形状。

（3）选择"设计"选项卡，单击"SmartArt 样式"选项组中的"更改颜色"按钮,在弹出的列表中可以选择一种颜色。

(4) 单击"SmartArt 样式"选项组中的"快速样式"按钮,在弹出的列表中可以选择一种样式应用到 SmartArt 图形中。

4.4.6 插入声音

1. 插入文件中的声音

(1) 单击"插入"选项卡"媒体"选项组中的"音频"按钮,在弹出的下拉列表框中选择"文件中的音频"选项。

(2) 弹出"插入音频"对话框,在"查找范围"下拉列表中选择所要的音频文件。

(3) 单击"插入"按钮,声音文件就会应用于当前幻灯片。

2. 插入剪贴管理器中的声音

(1) 单击"插入"选项卡"媒体"选项组中的"音频"按钮,在弹出的下拉列表框中选择"剪贴画的音频"选项。

(2) 在幻灯片编辑窗口的右侧弹出"剪贴画"窗格后,可以单击"搜索"按钮,然后找到需要的声音文件,声音文件格式以".mp3"为主。如图 4-20 所示。

图 4-20 "剪贴画"窗格

3. 录制声音

(1) 单击"插入"选项卡"媒体"选项组中的"音频"按钮,在弹出下拉列表框中选择"录制声音"选项。

(2) 弹出"录音"对话框,从中可以设定所录的声音名称。单击"▶"按钮,开始录制;录制完毕后,单击"■"按钮停止录制;如果要听一下声音,可以单击"●"按钮播放,如图 4-21 所示。

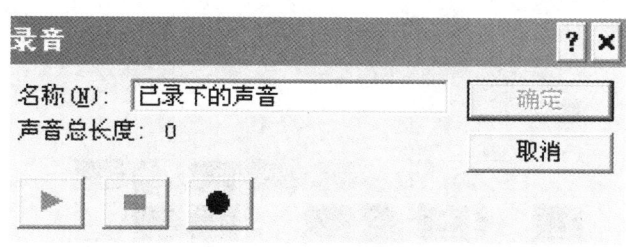

图 4-21 "录音"对话框

4.4.7 插入视频

（1）单击"插入"选项卡"媒体"选项组中的"视频"按钮，在弹出下拉列表框中选择"文件中的视频"选项。

（2）弹出"插入视频"对话框，在"查找范围"下拉列表中选择所要的视频文件，视频文件格式要求为".WMV"。

（3）单击"插入"按钮，视频文件就会应用于当前幻灯片。

§4.5 美化演示文稿

为了制作出一个精美的演示文稿，在演示文稿制作完成后，还需要对演示文稿的外观进行美化和编辑，也就是修改演示文稿的主题样式、背景样式等。本节主要介绍主题、背景及母版的应用以及格式设置。

4.5.1 设置幻灯片主题

主题是一组统一的设计元素，使用颜色、字体和图形设置文档的外观。通过应用主题样式可以快速地设置整个文档格式，并赋予它专业和时尚的外观。

1. 应用文档主题

应用文档主题的操作步骤如下。

（1）打开"设计"选项卡，在"主题"选项组中单击用户想要的文档主题，或者单击"其他"按钮，弹出"所有主题"对话框，查看所有可用文档主题，如图 4-22 所示。

（2）在"内置"选项区，选择要使用的文档主题。

（3）如果用户要使用的文档主题未列出，单击"浏览主题"按钮，弹出的选择主题或主题文档对话框中选择所需的主题样式。

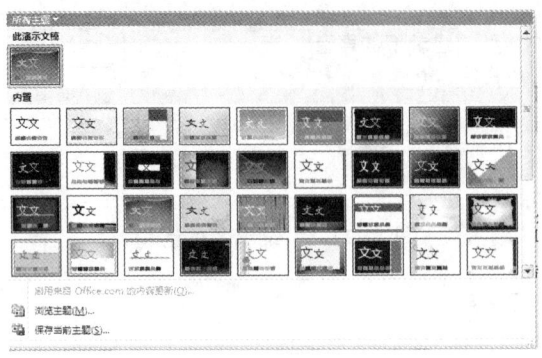

图 4-22 "所有主题"对话框

2. 设置主题格式

(1) 设置主题字体。

选择"设计"选项卡,在"主题"选项组中单击"字体"按钮,在弹出的下拉列表中可以选择所需的字体,选择一种字体,即可改变演示文稿中的字体,如图 4-23 所示。

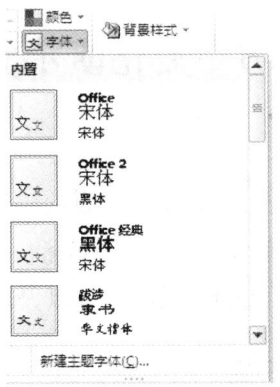

图 4-23 "字体"下拉列表

(2) 设置主题颜色。

选择"设计"选项卡,在"主题"选项组中单击"颜色"按钮,在弹出的下拉列表中可以选择主题颜色,选择一种颜色后,即可改变文稿的颜色,如图 4-24 所示。

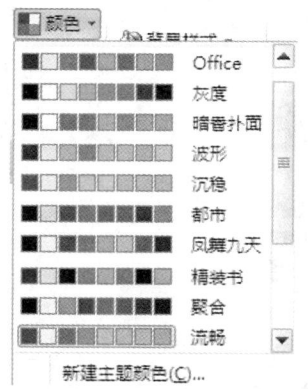

图 4-24 "颜色"下拉列表

(3) 设置主题效果。

选择"设计"选项卡,在"主题"选项组中单击"效果"按钮,在弹出的下拉列表中可以选择所需的主题效果,如图 4-25 所示。

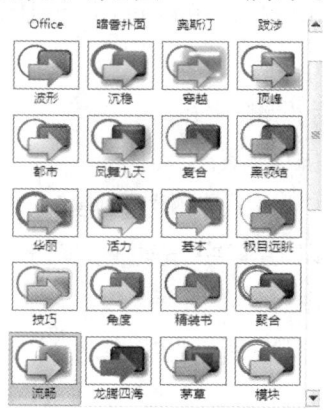

图 4-25 "效果"下拉列表

4.5.2 设置幻灯片背景

要使幻灯片的效果更加精美,可以更改幻灯片、备注及讲义的背景颜色。可利用"背景"对话框设置背景颜色,操作步骤如下。

(1) 打开要设置背景的幻灯片。

(2) 选择"设计"选项卡,在"背景"选项组中单击"背景样式"按钮,在弹出的"背景样式"下拉列表中选择幻灯片的背景样式,如图 4-26 所示。

(3) 在"背景样式"下拉列表中选择"设置背景格式"命令,弹出"设置背景格式"对话框,在其中可以设置背景样式的填充方式,如图 4-27 所示。

(4) 在对话框中设置幻灯片背景格式,单击"全部应用"按钮,可将设置的背景格式应用于演示文稿的所有幻灯片中,设置完成后,单击"关闭"按钮关闭对话框。

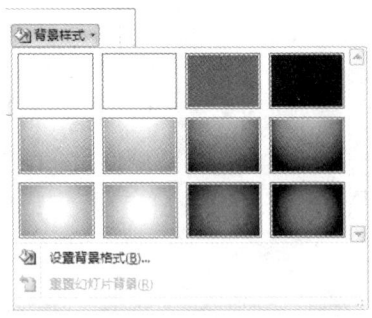

图 4-26 "背景样式"下拉列表

图 4-27 "设置背景格式"对话框

4.5.3 制作幻灯片母版

如果要将同一背景、标志文本及文字格式应用到整个演示文稿的每张幻灯片，就可以应用 PowerPoint 2010 的幻灯片母版功能。

1. 插入幻灯片母版

插入幻灯片母版的操作步骤如下。

（1）打开一个要插入母版的演示文稿。

（2）打开"视图"选项卡"母版视图"选项组，单击"幻灯片母版"按钮，打开"幻灯片母版"视图，用户可以在其中编辑内容，包括编辑母版主题、设置背景样式和设置页面格式等，如图 4-28 所示。

（3）打开"幻灯片母版"视图后，系统会打开"幻灯片母版"选项卡，在其中可以设置各种内容，如图 4-29 所示。

图 4-28 "幻灯片母版"视图

第 4 章 PowerPoint 2010

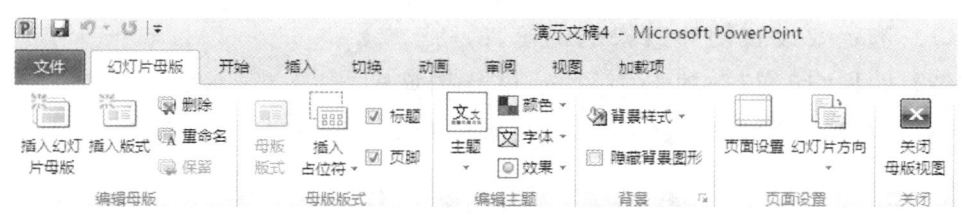

图 4-29 "幻灯片母版"选项卡

2. 编辑幻灯片母版

可以利用"幻灯片视图"选项卡实现幻灯片母版的插入、重命名和删除操作。

(1) 插入幻灯片母版。

在"幻灯片母版"选项卡中的"编辑母版"选项组单击"插入幻灯片母版"按钮,会自动插入一个新的幻灯片母版。

(2) 插入幻灯片母版版式。

在"幻灯片母版"选项卡中的"编辑母版"选项组单击"插入版式"按钮,会自动插入一个新的幻灯片母版版式。

(3) 重命名幻灯片母版。

在"幻灯片母版"选项卡中的"编辑母版"选项组单击"重命名"按钮,弹出"重命名母版"对话框,在文本框中输入名称,单击"重命名"按钮,就可以重命名幻灯片母版名称。

(4) 删除幻灯片母版。

在"幻灯片母版"选项卡中的"编辑母版"选项组单击"删除"按钮,即可删除幻灯片母版。

§4.6 放映演示文稿

4.6.1 设置切换效果

切换效果是由一张幻灯片移动到另一张幻灯片时屏幕显示的变化。用户可选择不同的切换方案及切换速度。

1. 添加切换效果

幻灯片切换是产生类似动画的效果,可以使幻灯片在放映时更加生动形象。添加切换效果的操作步骤如下。

(1) 选定要设置切换效果的幻灯片。

(2) 选择"切换"选项卡中的"幻灯片切换到此"选项组的"其他"按钮。

(3) 在打开的下拉列表中选择一种切换效果,如图4-30所示。

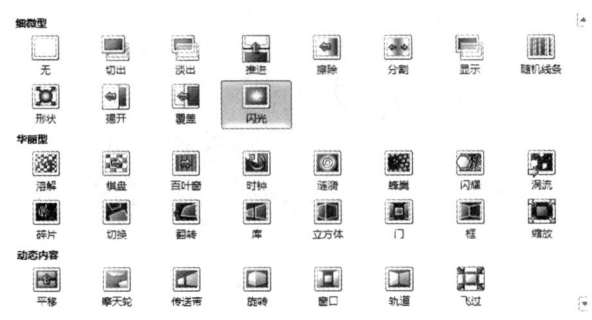

图 4-30 "切换效果"下拉列表

2. 添加声音切换效果

如果想使切换的效果更逼真,可以增加声音效果。添加声音切换效果的操作步骤如下。

(1) 选定要添加声音效果的幻灯片。

(2) 单击"切换"选项卡中的"计时"选项组的"声音"下三角按钮。

(3) 在弹出的下拉列表中选择一种切换声音即可,如图4-31所示。

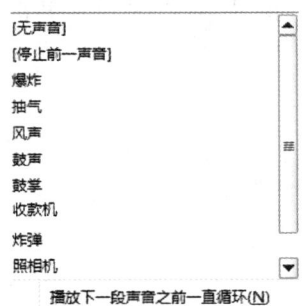

图 4-31 "切换声音"下拉列表

3. 设置换片方式

播放幻灯片时,可以根据需要设置换片方式,例如自动换片或单击鼠标换片等。设置换片方式的操作步骤如下。

(1) 在"切换"选项卡中的"计时"选项组的"换片方式"复选框中选择换片方式,如图4-32所示。

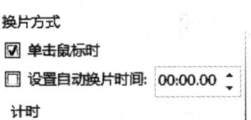

图 4-32 "换片方式"复选框

(2)选中"单击鼠标时"复选框,在播放幻灯片时,则要在幻灯片中单击鼠标换片;若选中"设置自动换片时间"复选框,在播放幻灯片时,经过所设置的时间后就会切换到下一张幻灯片。

4.6.2 应用动画

常见的动画效果在一张幻灯片切换到另一张幻灯片时出现,这种动画也可以使用在文字或图形上,使文字或图形具有可视效果。应用动画效果的操作步骤如下。

(1)选定要设置动画的文字或图片。

(2)单击"动画"选项卡中"动画"选项组的"其他"按钮,弹出"动画效果"下拉列表,如图4-33所示。

(3)选择一种动画效果,即可观看设置的动画效果。

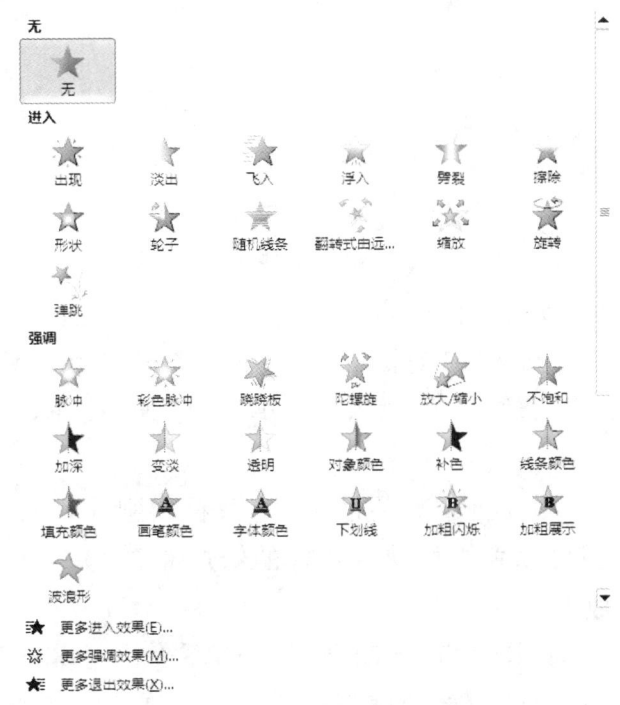

图4-33 "动画效果"下拉列表

4.6.3 放映幻灯片

默认情况下,幻灯片的放映方式为普通手动放映,用户可以根据实际需要,设置幻灯片的放映方法,如普通手动放映、自定义放映、动画窗格放映和排练计时放映等。

1. 普通手动放映

（1）打开演示文稿文件。

（2）单击"放映"选项卡"开始放映"选项组中的"从头开始"按钮，系统开始播放幻灯片，按回车键或空格键切换到下一张幻灯片。

（3）单击"从当前幻灯片开始"按钮，即可从当前选择的幻灯片开始放映。

2. 自定义放映

（1）打开需要进行自定义放映的演示文稿。

（2）选择"幻灯片放映"选项卡，单击"开始放映幻灯片"选项组中的"自定义幻灯片放映"按钮。

（3）在弹出的菜单中选择"自定义放映"命令，将打开"自定义放映"对话框，如图4-34所示。

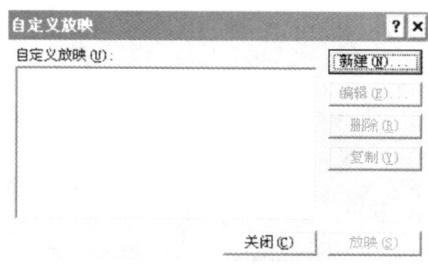

图4-34 "自定义放映"对话框

（4）单击"新建"按钮，打开"定义自定义放映"对话框。

（5）在"定义自定义放映"对话框中，设置幻灯片放映名称，在左侧列表框中选择要添加到自定义放映中的幻灯片，单击"添加"按钮，设置好后单击"确定"按钮。

（6）返回到"自定义放映"对话框中，可以看到刚才设置的自定义放映名称，单击"放映"按钮可以直接放映设置好的幻灯片。

3. 动画窗格放映

（1）在"动画"选项卡的"高级动画"组中单击"动画窗格"按钮打开"动画窗格"，窗格中按照动画的播放顺序列出了当前幻灯片中的所有动画效果。

（2）在"动画窗格"中按住鼠标左键拖动动画选项可以改变其在列表中的位置，进而改变动画在幻灯片中播放的顺序。

（3）使用鼠标按住左键拖动时间条左右两侧的边框可以改变时间条的长度，长度的改变意味着动画播放时长的改变；另将鼠标放置到时间条上，将会提示动画开始和结束的时间，拖动时间条改变其位置将能够改变动画开始播放的时间点，如图4-35所示。

第 4 章　PowerPoint 2010

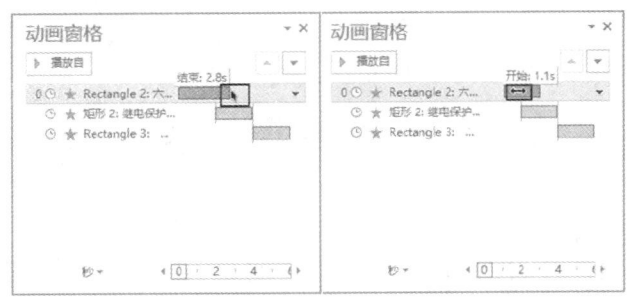

图 4-35　调整动画播放时长和调整动画开始播放的时间点

（4）如果希望动画窗格不显示时间条，可以在窗格中选择一个动画选项，单击其右侧出现的下三角按钮，在打开的下拉列表中选择"隐藏高级日程表"选项；反之，当"高级日程表"被隐藏时，选择"显示高级的日程表"命令可以使其重新显示，如图 4-36 所示。

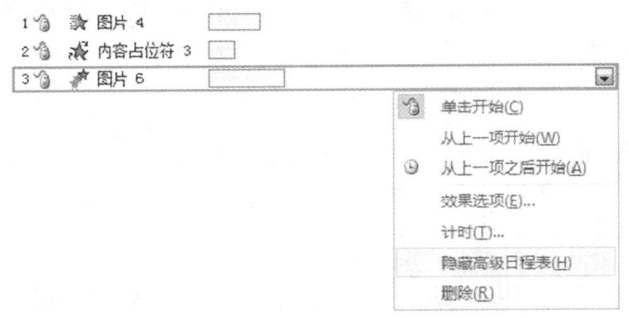

图 4-36　隐藏高级日程表的操作

（5）单击"动画窗格"底部的"秒"按钮，在下拉列表中选择相应选项可以使窗格中时间条放大或缩小，以方便对动画播放时间进行设置。

4．排练计时放映

（1）选择"幻灯片放映"选项卡，单击"设置"选项组中的"排练计时"按钮，将会自动进入放映排练状态，其右上角将显示"录制"工具栏，在该工具栏中可以显示预演时间。

（2）在放映屏幕中单击鼠标，可以排练下一个动画效果或下一张幻灯片出现的时间，鼠标停留的时间就是下一张幻灯片显示的时间，排练结束后将显示提示对话框，询问是否保留排练的时间。

（3）单击"是"按钮确认后，此时会在幻灯片浏览视图中每张幻灯片的左下角显示该幻灯片的放映时间。

§4.7 打印演示文稿

演示文稿虽然主要用于演示，但某些时候用户需要将它打印出来，例如在会议结束后可以将会议上用的演示文稿打印出来作为参会人员的会议资料。

4.7.1 设置页面属性

打开要设置的演示文稿，选择"文稿"选项卡，单击"页面设置"选项组中的"页面设置"按钮，打开"页面设置"对话框，在其中可以设置幻灯片的方向。用户还可以设置幻灯片大小，可以直接设置其宽度和高度参数，也可以单击幻灯片大小下拉列表框，选择一种样式。用户还可以设置幻灯片编号的起始值，设置好后单击"确定"按钮，可看到设置后的效果。

4.7.2 设置页眉和页脚

选定需要设置页眉和页脚的幻灯片，选择"插入"选项卡，单击"文本"选项组中的"页眉和页脚"按钮，打开"页眉和页脚"对话框，选择"日期和时间"复选框，如果要让添加的日期与幻灯片放映的日期一致，则选中"自动更新"选项，如只想显示演示文稿完成的日期，可以选中"固定"选项，并输入日期。

选中"幻灯片编号"复选框可以对演示文稿进行编号，当添加或删除幻灯片时编号会自动更新；选中"页脚"复选框，可以在下方文本框中输入文本信息；选中"标题幻灯片中不显示"复选框可以不在标题幻灯片中显示页眉和页脚的内容，设置完成后，单击"全部应用"按钮，即可得到页眉和页脚的效果，在幻灯片中可以查看添加的效果。

4.7.3 打印演示文稿

打开需要打印的演示文稿，选择"文件"选项卡，在左侧选择"打印"命令，即可在中间显示打印选项，在右侧显示打印预览，在"份数"选项后面的文本框中可以输入需要打印的份数；再单击"设置"下面的按钮，在弹出的下拉菜单中可以选择打印的内容，是全部幻灯片或者部分幻灯片，如选择"自定义范围"命令，则需要在下面的文本框中输入需要打印的幻灯片编号或幻灯片范围,单击"整页幻灯片"按钮,在弹出的菜单中可以选择打印版式和每页打印几张幻灯片。

当设置为多张幻灯片在同一页面上打印时,就可以设置纵向或横向版式,然后再单击"颜色"按钮,在弹出的菜单中可以设置打印颜色。

§4.8 实战演练

4.8.1 制作戒烟公益广告

本节将制作戒烟公益广告,最终效果如图 4-37 所示,操作步骤如下。

图 4-37 戒烟公益广告

(1) 启动 PowerPoint 2010 应用程序,新建一个演示文稿。

(2) 按组合键"Ctrl+M",插入一张新的幻灯片。

(3) 在"视图"选项卡中的"演示文稿视图"选项区中单击"幻灯片母版"按钮,切换到幻灯片母版视图。

(4) 选中"标题幻灯片",在"幻灯片母版"选项卡中的"背景"选项区中单击"背景样式"按钮,在弹出的下拉列表中选择"样式 4"选项,如图 4-38 所示。

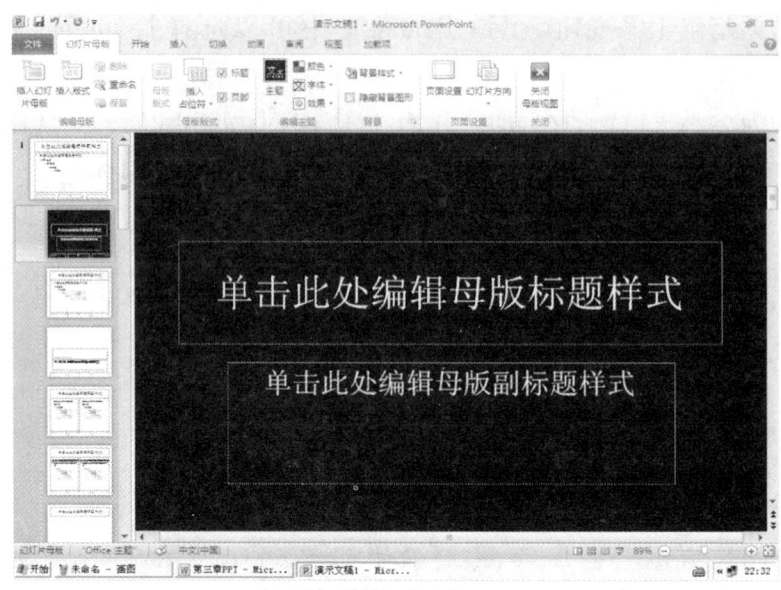

图 4-38　设置背景样式

（5）在"插入"选项卡中的"插图"选项区中单击"形状"按钮，在弹出的下拉列表中，选择矩形工具，使用该工具绘制一个矩形，如图 4-39 所示。

图 4-39　绘制矩形

（6）在绘制的矩形上单击鼠标右键，从弹出的快捷菜单中单击"设置形状格式"选项，弹出"设置形状格式"对话框，如图 4-40 所示。

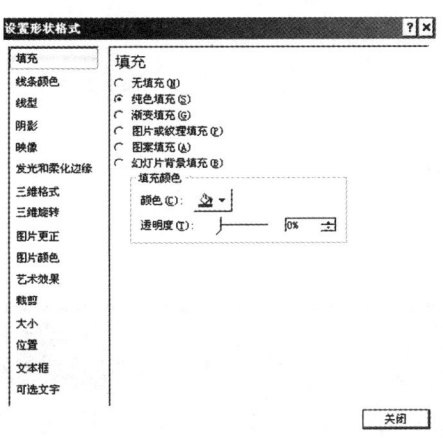

图 4-40 "设置形状格式"对话框

(7) 在"线条颜色"选项区中线条颜色设置为"白色",在"线型"选项区中将线的宽度设置为"3 磅"。

(8) 选定矩形框,在"绘图工具"上下文工具中的"格式"选项卡中的"大小"选项区中将其大小设置为"17.63,24.13";在"排列"选项区中设置为上下、左右居中对齐。

(9) 重复步骤(5)~(8)的操作,绘制一个大小为"17.1,23.6"、粗细为 1 磅的矩形,并将其居中对齐。

(10) 选中"标题和内容"幻灯片,重复步骤(4)的操作,将其背景设置为"样式 4",并将标题幻灯片中的两个矩形复制并粘贴到该幻灯片。

(11) 单击"普通视图"按钮,返回至普通视图,如图 4-41 所示。

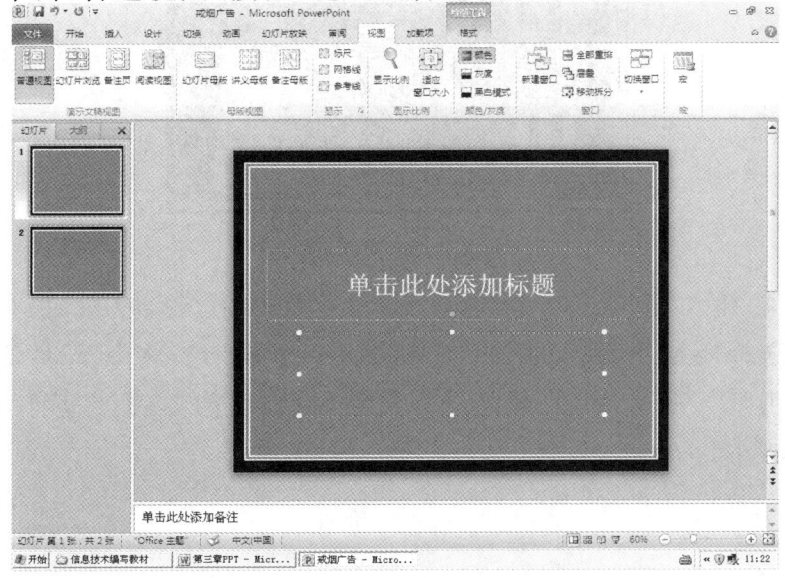

图 4-41 普通视图

(12)将幻灯片中的占位符选中后按"Delete"键将其删除。在插入选项卡中的"插图"选项区中单击"图片"按钮,在弹出的对话框中选择一张图片插入到幻灯片中。

(13)选定插入的图片,调整为合适的大小,并在"格式"选项卡中的图片样式选项区中单击按钮,在弹出的下拉列表中选择"0.75磅"的白色线条作为其边框,如图4-42所示。

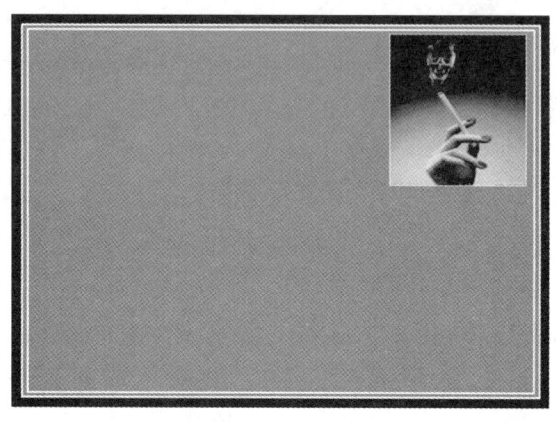

图4-42 添加边框

(14)重复步骤(12)~(13)的操作,在幻灯片中插入其他四张图片,并分别为其添加白色边框,如图4-43所示。

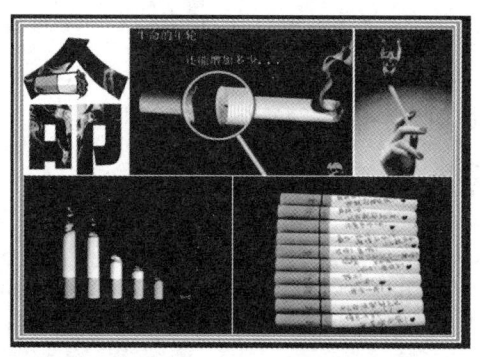

图4-43 插入其他图片

(15)在"插入"选项卡中的"插图"选项区中单击"形状"按钮,在弹出的下拉列表中,选择矩形工具,使用该工具绘制一个矩形。将其高度设为1.8厘米,宽度设为6.9厘米,线条颜色设为白色,粗细设为3磅,并旋转一定角度,如图4-44所示。

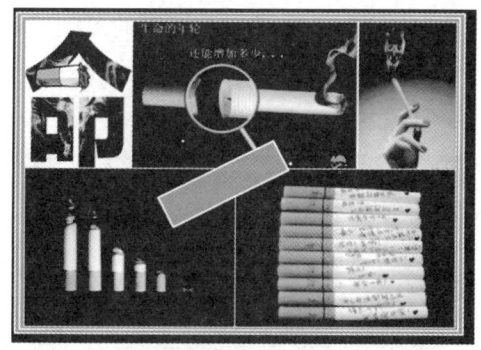

图 4-44 绘制矩形

(16) 在"形状"下拉列表中选择曲线工具,并使用该工具在幻灯片中绘制一条曲线,将其颜色设为白色,粗细设为 3 磅,并复制出另一条曲线,如图 4-45 所示。

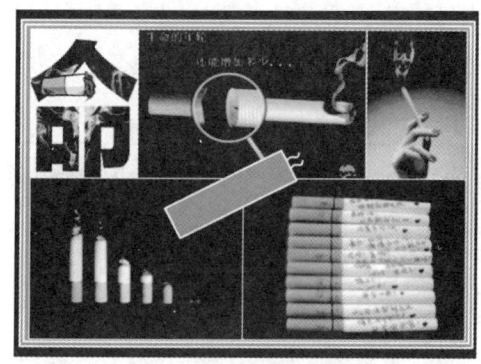

图 4-45 复制曲线

(17) 在"插入"选项卡中的"插图"选项区中单击"形状"按钮,在弹出的下拉列表中选择禁止符,并在幻灯片中绘制一个禁止符。

(18) 选中该符号,将其宽度和高度都设为 12.4 厘米,粗细设为 3 磅,填充颜色设为红色,效果如图 4-46 所示。

图 4-46 绘制禁止符

(19) 按住"Shift"键的同时依次单击绘制的矩形、曲线及禁止符,将它们选中后,按"Ctrl+G"键将其组合。

(20) 选中该对象,将其移至该幻灯片的底部,如图 4-47 所示。

图 4-47　移动对象

(21) 在该幻灯片中插入一个横排文本框,在其中输入文本,并将其字体设为隶书,大小设为 80,文字颜色设为白色,并添加文字阴影,如图 4-48 所示。

图 4-48　添加文字

(22) 选中第二张幻灯片,在插入选项卡中的插图选项区中单击按钮,在弹出的"插入图片"对话框中插入一张图片到该幻灯片中。

(23) 在幻灯片中插入两个横排文本框,输入如图 4-49 所示文字内容。

(24) 插入两张幻灯片。重复步骤(22)~(23)的操作,分别在这两张幻灯片中插入图片和文本,如图 4-49 所示。

(25) 切换到第一张幻灯片,选中第一张幻灯片中的文字及图片添加动画效果。

(26) 重复步骤(23)~(25)的操作,为其他 3 张幻灯片中的文字及图片添加动画效果。

(27) 在"切换"选项卡中的"切换到此幻灯片"选项区中选择分割选项,在切换声音下拉列表中选择"打字机"选项。

图 4-49 输入文本

(28) 单击"选项卡"中"及时"选项区"全部应用"按钮,将设置的切换效果应用到所有幻灯片中。至此该幻灯片制作完成。

1. 设计并建立为一个毕业生"自我推荐"材料的演示文稿,内容自拟。上机练习演示文稿的建立、打开、保存、修改、建立模板、动画设置、视图切换等操作。
2. 设计一套给新生介绍本校情况的幻灯片,其内容包括学校概况、学校发展规模、学校组织结构等情况。
   操作要求如下。
   (1) 在幻灯片母版中放置学校校徽、校名及制作时间,并将上述主要内容设计为菜单,放置幻灯片在母版中,使用户在每一画面中都可以进行跳转操作。
   (2) 使用图片、图表、组织结构图表等表现幻灯片。
   (3) 设计定时自动放映。
   (4) 为每一张幻灯片设计切换动画。
   (5) 为突出的内容设计动画特效,但不能喧宾夺主。

第 5 章 Access 2007 数据库

🖥️ 学习目标

◎ 掌握创建数据库的方法。
◎ 掌握表的创建与维护的基本方法。
◎ 熟练进行表中数据排序、数据筛选、数据查找与替换的基本操作。
◎ 了解设置表之间关系的基本思路。

Access 2007 是一个功能强大的关系型数据库管理系统,它是 Office 2007 的一个组成部分,具有与 Word、Excel 和 PowerPoint 等软件相同的操作界面和使用环境,能够很简便地完成数据库的创建、检索与维护等功能,还可以创建友好美观的操作界面。它操作简单,维护容易,是当前中小型数据库管理系统软件中最出色的软件之一。

本章以开发一个"学生成绩管理系统"数据库应用系统为例,首先创建一个"学生成绩管理系统"数据库文件,包括打开/关闭数据库、设置数据库默认的文件夹、转换数据库格式、设置数据库默认的文件格式等;然后学习表的创建与维护,包括如何创建表、设置表的属性、编辑表、设置表的格式等;最后学习表的高级操作与设置表之间的关系,包括表中数据排序、数据筛选、数据查找和替换、创建表之间的关系等。

§5.1 数据库的创建与操作

Access 数据库不仅存储数据,所有与数据处理相关的信息也都可以存放在这个数据库中,这样就方便了对数据库对象的管理。因此,在 Access 中进行任何数据处理操作之前,都先要创建一个数据库。

创建一个 Access 数据库,数据库文件的扩展名为".accdb",Access 所提供的各种对象都存放在这个数据库文件中。

5.1.1 创建"学生成绩管理系统"数据库

数据库是结构化的数据集合。它把数据的冗余降到最低,数据之间联系紧密,管理系统通过合理的设计,将信息和数据有机地组合在一起,方便用户进行信息查询、统计和管理。根据数据之间联系的表示方式,数据库的基本数据模型可分为 3 类:层次模型、网状模型和关系模型。数据库系统相应地分为层次型数据库系统、网状型数据库系统和关系型数据库系统。

层次模型和网状模型是早期的数据模型。关系模型是建立在关系代数基础上的,具有坚实的理论基础。关系模型具有数据结构单一、理论严密、使用方便、易学易用的特点,因此,数据库软件几乎都使用关系数据库结构,目前流行的关系型数据库系统包括 Access、SQLServer、FoxPro、Oracle 等。

Access 2007 提供了两种创建数据库的方法,一种是使用模板创建数据库,另一种是直接创建空数据库。使用模板创建数据库的方法很简单,因为模板已经制定了常用的数据库对象;创建空数据库的方法灵活,可根据实际需要,添加表、查询、窗体、报表等其他数据库对象,操作较为复杂。

1. 使用模板创建数据库

为了方便用户使用,Access 2007 提供了一些标准的数据库模板,在向导的帮助下,可创建一个新的数据库。

操作步骤如下。

(1) 选择"开始"→"所有程序"→"Microsoft Office Access 2007"命令,启动 Access 2007,打开 Access 2007 的窗口,如图 5-1 所示。

图 5-1　Access 2007 的窗口

（2）在"模板类别"列表框中选择"本地模板"选项，在窗口中部"本地模板"栏里显示本地模板列表，如图 5-2 所示。

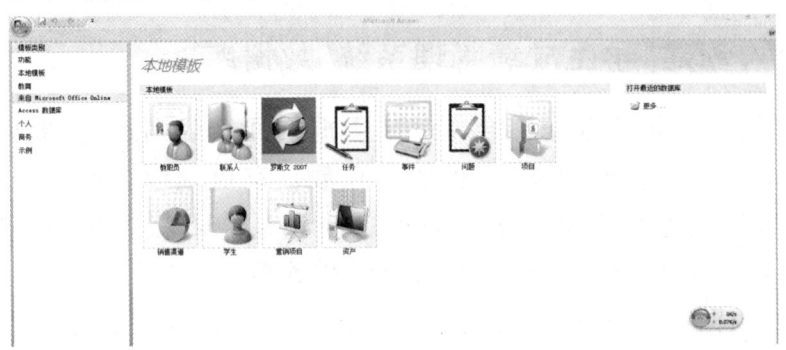

图 5-2　本地模板列表

（3）在本地模板列表中列出了本机的模板文件，根据需要选择模板。例如单击"学生"图标，在窗口的右侧显示创建的数据库文件名和保存路径，如图 5-3 所示。

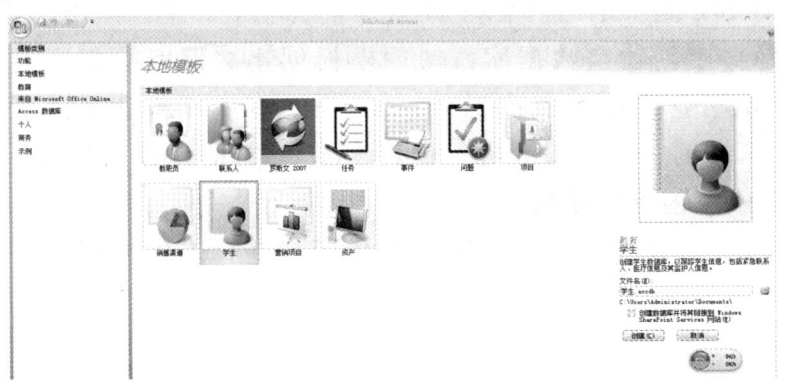

图 5-3　显示创建的数据库文件名和保存路径

（4）如果需要更改数据库文件的文件夹，可以单击"文件名"文本框右面的"浏览"图标，打开"文件新建数据库"对话框，如图 5-4 所示。选择要保存数据库文件的文件夹，单击"确定"，回到如图 5-3 所示窗口。

第 5 章　Access 2007 数据库

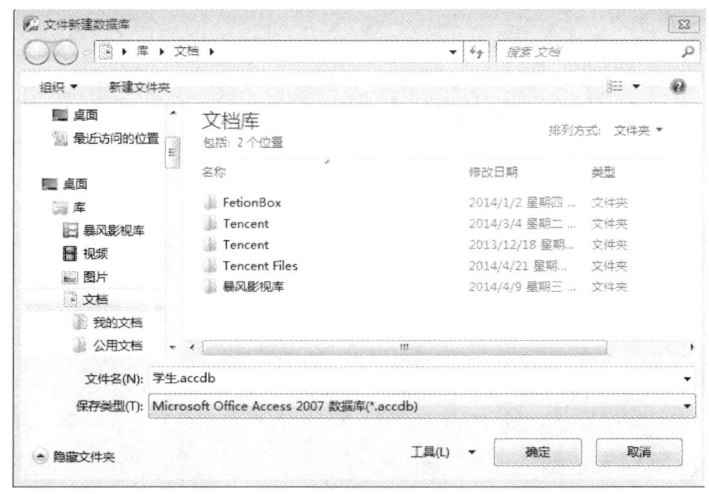

图 5-4　"文件新建数据库"对话框

（5）在"文件名"文本框中输入数据库的文件名"学生.accdb"，然后单击"创建"按钮，此时得到使用模板创建的数据库。

使用模板创建数据库的方法比较简单，但这些模板不一定符合用户需求，可以对这些模板加以修改，创建一个需要的数据库。

2. 创建空数据库

创建空数据库的方法是先创建一个空白数据库，然后根据实际需要，添加所需要的表、窗体、查询、报表等对象。例如创建一个"学生成绩管理系统"数据库。

操作步骤如下。

（1）启动 Access 2007。

（2）在启动界面"新建空白数据库"栏里单击"空白数据库"按钮，在窗口的右侧显示创建的数据库文件名和保存路径，如图 5-5 所示。

图 5-5　显示创建的数据库文件名和保存路径

(3) 在"文件名"文本框中输入数据库的文件名"学生成绩管理系统.accdb",单击"创建"按钮,创建空白数据库,如图 5-6 所示。

图 5-6 创建空白数据库

5.1.2 操作数据库

创建好数据库之后,就可以对数据库进行操作。数据库的操作包括打开/关闭数据库、设置数据库默认的文件夹、转换数据库的格式、设置数据库默认的文件格式等。

1. 打开/关闭"学生"数据库

在操作数据库之前,首先打开数据库,数据库操作完成后,关闭数据库。

操作步骤如下。

(1) 启动 Access 2007。

(2) 单击窗口左上角的图标,打开下拉菜单。

(3) 在下拉菜单中选择"打开"命令,或者按组合键"Ctrl+O",出现"打开"对话框,如图 5-7 所示。

(4) 在"打开"对话框中,选择要打开的数据库文件名,如选择"学生.accdb"文件,单击"打开"按钮即可打开选择的文件,如图 5-8 所示。

在 Access 2007 启动界面右边"打开最近的数据库"栏里单击要打开的数据库文件,即可打开该数据库;或者直接双击已保存的数据库文件即可打开数据库。

(5) 单击窗口左上角的图表,在弹出的下拉菜单中选择"关闭数据库"命令,即可关闭数据库,但此时并不退出 Access 2007。

单击 Access 2007 窗口右上角的按钮,退出 Access 2007。

在 Access 2007 窗口中,按组合键"Alt+F4",或者单击窗口左上角的图标,在下拉菜单中单击"退出 Access"按钮即可退出 Access 2007。

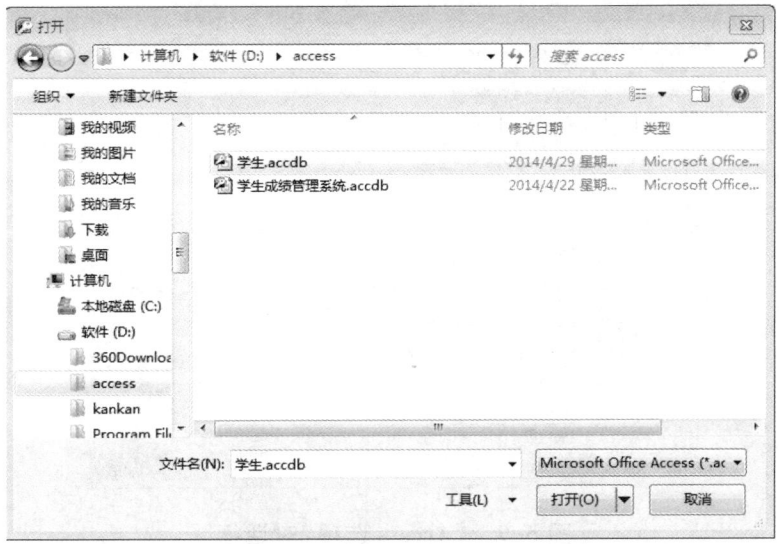

图 5-7 "打开"对话框

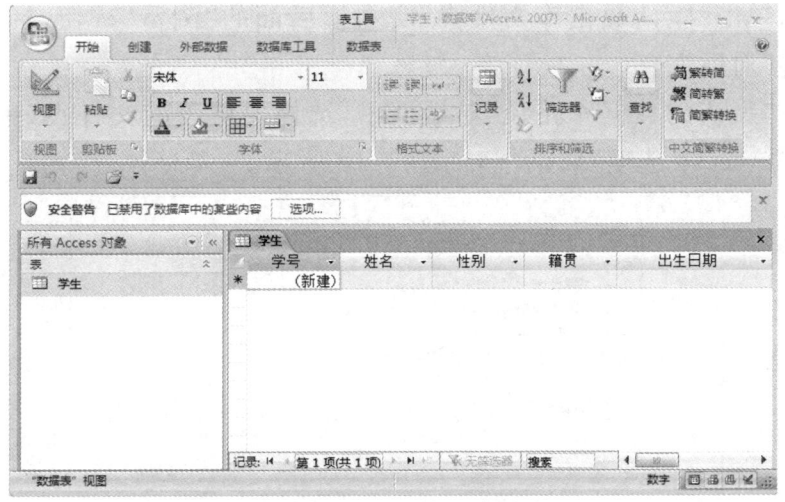

图 5-8 打开数据库

2. 设置数据库默认的文件夹

在创建数据库时,所创建的数据库有一个默认的文件夹。如果用户每次都想把数据库文件保存在另外一个文件夹里,不必每次都要查找保存文件夹,可以设置数据库默认保存的文件夹。

操作步骤如下。

(1) 启动 Access 2007。

(2) 单击窗口左上角的 图标,在弹出的菜单中单击"Access 选项"按钮,打开"Access 选项"对话框,如图 5-9 所示。

图 5-9　"Access 选项"对话框

（3）在"Access 选项"对话框中，单击"常用"选项卡，在窗口右边的"创建数据库"栏里，单击"默认数据库文件夹"文本框后面的"浏览"按钮，打开"默认的数据库路径"对话框。

（4）在"默认的数据库路径"对话框中，选择要更改的文件夹，单击"确定"按钮，回到"Access 选项"对话框，如图 5-10 所示。

图 5-10　更改后的"Access 选项"对话框

（5）在"Access 选项"对话框中，单击"确定"按钮即可更改数据库默认的文件夹。

3．转换数据库的格式

Access 的发展经历了许多版本，为了能够将几种不同版本的数据库文件互相分享，Access 2007 提供了转换数据库格式的功能。如果将现有的数据库格式转换为其他数据库格式，除了保留数据库原来的格式，还会按照指定的格式创建一个数据库副本。

例如，"学生成绩管理系统"数据库的文件格式为"Access 2007"，可以将该数据库文件转换为"Access 2002-2003"文件格式。

操作步骤如下。

（1）启动 Access 2007。

（2）打开"学生成绩管理系统"数据库。

（3）单击窗口左上角的 图标，在弹出的菜单中选择"另存为"命令，弹出级联菜单，如图 5-11 所示。

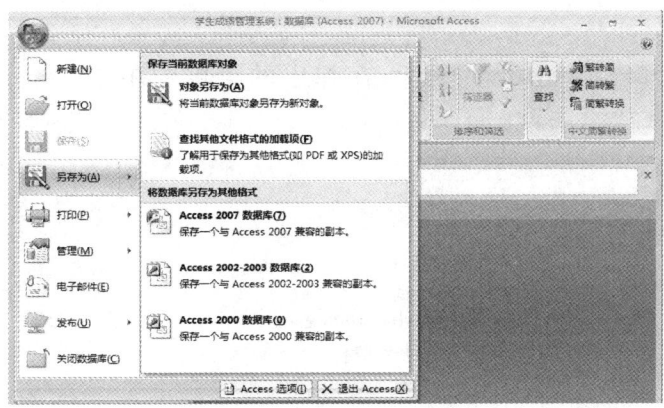

图 5-11　级联菜单

（4）在级联菜单的"将数据库另存为其他格式"栏里，列出了转换为其他数据库的格式，选择"Access 2002-2003 数据库"选项，打开"另存为"对话框，如图 5-12 所示。

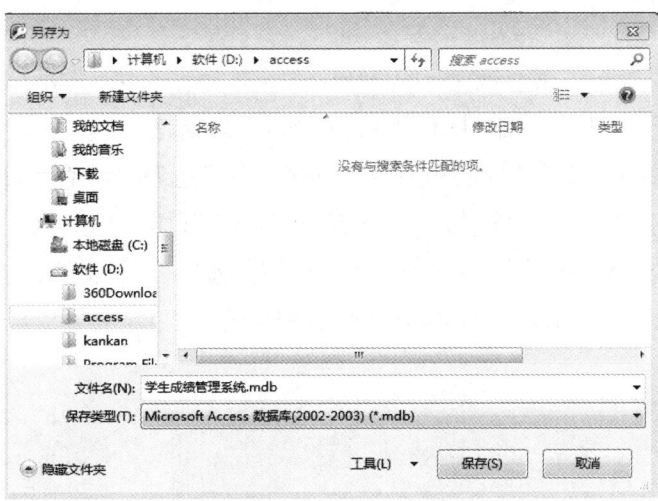

图 5-12　"另存为"对话框

（5）在"另存为"对话框中，选择保存数据库文件的位置和名称，单击"保存"按钮即可完成数据库格式的转换。

如果原来的数据库格式为 Access 2007 且包含用 Access 2007 格式创建的复杂数据、脱机数据或附件，则无法用早期版本格式（如 Access 2000 或 Access 2002-2003）保存副本。

4. 设置数据库默认的文件格式

在创建新数据文件时，使用的文件格式是默认的文件格式，可以更改默认的文件格式。

操作步骤如下。

（1）启动 Access 2007。

（2）单击窗口左上角的 图标，在弹出的菜单中单击"Access 选项"按钮，打开"Access 选项"对话框，如图 5-13 所示。

图 5-13 "Access 选项"对话框

（3）在"Access 选项"对话框中，单击"常用"选项卡，在窗口右边的"创建数据库"栏里的"默认文件格式"下拉列表框有 3 个选项："Access 2000" "Access 2002-2003"和"Access 2007"，在其中选择一个要默认的文件格式，单击"确定"按钮即可更改数据库默认的文件格式。

§5.2 表的创建与维护

表是数据库中用来储存和管理数据的基本对象,是整个数据库系统的基础,是其他数据库对象操作的数据源。例如,可以创建"联系人"表来储存包含"姓名""地址"和"电话号码"的列表,或者创建"产品"表来储存有关产品的信息。设计数据库时,始终应在创建任何其他数据对象之前先创建数据库的表。

5.2.1 创建"学生"表、"成绩"表和"课程"表

一个数据库可以由一张或多张表组成,每张表中包含不同的数据。数据在表中以行、列的方式排列。每张表都是由记录和字段组成,表中的行称为记录,表中的列称为字段,表中一条记录有多个字段。字段是表的基本组成单位,每一个字段都有数据类型,即相同字段的数据都是很有规律的同一个类型的数据。

创建好数据库后,就可以创建表。创建表的方法:使用模版创建表、使用数据表视图创建表、使用设计视图创建表。

1. 使用模板创建"学生"表

使用模板创建表是一种快速创建表的方式,Access 2007 包含了一些常见主题的模板,如联系人、问题、任务、事件或资产等,可以根据需要在表中添加或删除字段。

操作步骤如下。

(1) 启动 Access 2007。

(2) 打开"学生成绩管理系统"数据库。

(3) 单击功能区"创建"选项卡上"表"组的"表模板"按钮,打开下拉菜单,如图 5-14 所示,系统提供了几个常见的示例表。

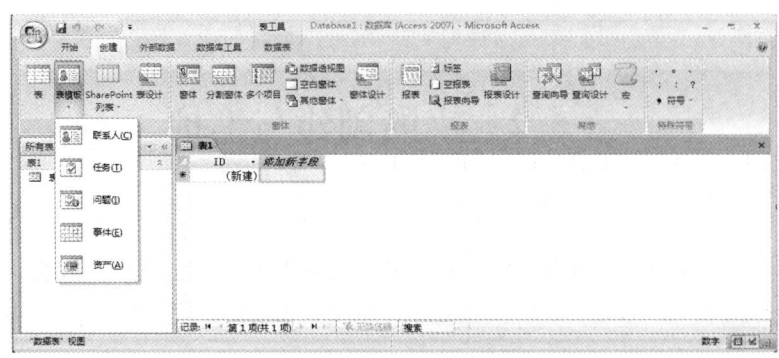

图 5-14 下拉菜单

(4) 在下拉菜单中选择"联系人"命令,将自动创建一个名称为"表 1"的新表,如图 5-15 所示。

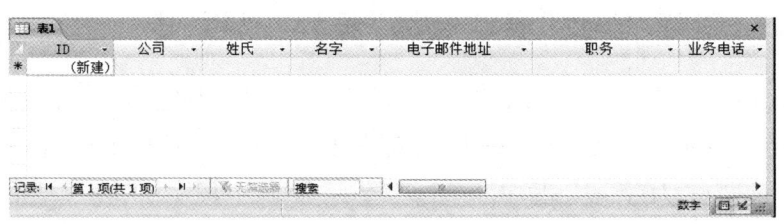

图 5-15 使用模板创建的表

(5) 在数据库中,用鼠标右键单击"LD"列,弹出快捷菜单,如图 5-16 所示。

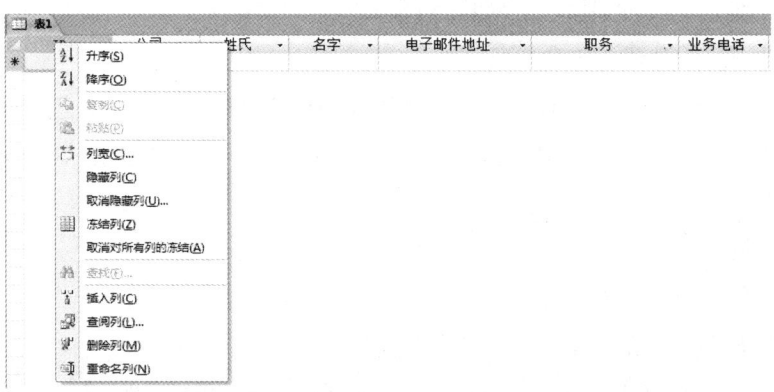

图 5-16 快捷菜单

(6) 在快捷菜单中,可以进行插入列、删除列和重命名列等操作。选择"重命名列"命令,将该列重命名为"学号"。

(7) 在数据表中,用鼠标右键单击"公司"列,在弹出的快捷菜单中选择"删除列"命令,删除该列。

(8) 在数据表中,用鼠标右键单击"电子邮件地址"列,在弹出的快捷菜单中选择"插入列"命令,则在该列的右侧插入一列,如图 5-17 所示。

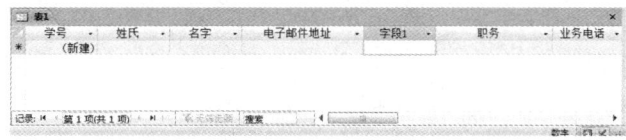

图 5-17 插入列

(9) 在数据表中设计表的结构,如图 5-18 所示。

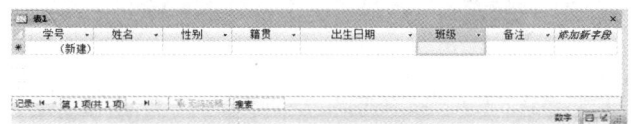

图 5-18 设计表的结构

(10) 单击数据表右上角的"关闭"按钮,打开提示对话框,如图 5-19 所示。

图 5-19 提示对话框

(11) 在提示对话框中,提示是否保存对"表 1"的设计的更改,单击"是"按钮,打开"另存为"对话框,如图 5-20 所示。

图 5-20 "另存为"对话框

(12) 在"另存为"对话框中,在"表名称"文体框中输入表的名称,在这里输入"学生",单击"确定"按钮,完成数据表的保存。此时在导航窗格的"表"对象组里显示创建的"学生"表,如图 5-21 所示。

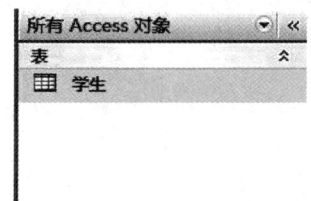

图 5-21 显示所创建的表

2. 使用数据表视图创建"成绩"表

使用数据表视图是一种直接创建表的方法。在空白数据表中直接添加字段名和数据,根据输入的记录自动地指定字段的数据类型。

操作步骤如下。

(1) 启动 Access 2007。

(2) 打开"学生成绩管理系统"数据库。

(3) 单击功能区"创建"选项卡上"表"组的表按钮,一个新表将被插入该数据库中,并打开该表的数据表视图,如图 5-22 所示。

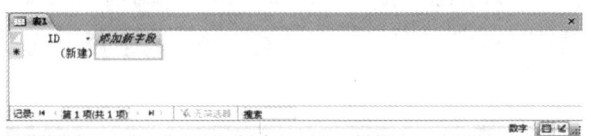

图 5-22　使用数据表视图创建表

(4) 在数据表中设计表的结构,如图 5-23 所示。

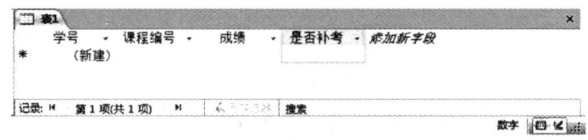

图 5-23　设计表的结构

(5) 单击快速访问工具栏上的按钮,打开"另存为"对话框。

(6) 在"另存为"对话框中,在"表名称"文本框中输入表的名称,在这里输入"成绩",单击"确定"按钮,完成数据表的保存。

3. 使用设计视图创建"课程"表

对于较为复杂的表,通常是使用表的设计视图来创建。使用模板或数据表视图创建表的方法虽然方便快捷,但是有一定的局限性,往往不能满足实际的需要,这就需要在表的设计视图中进行修改和设计。

操作步骤如下。

(1) 启动 Access 2007。

(2) 打开"学生成绩管理系统"数据库。

(3) 单击功能区"创建"选项卡上"表"组的表设计按钮,打开表的设计视图,如图 5-24 所示。

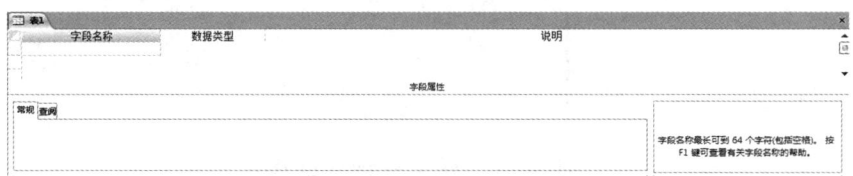

图 5-24　表的设计视图

(4) 在表的设计视图中,在"字段名称"列输入字段的名称,在"数据类型"列输入该字段对应数据项的数据类型,"说明"列是对该字段所做的注释。设置字段名称和数据类型,如图 5-25 所示。

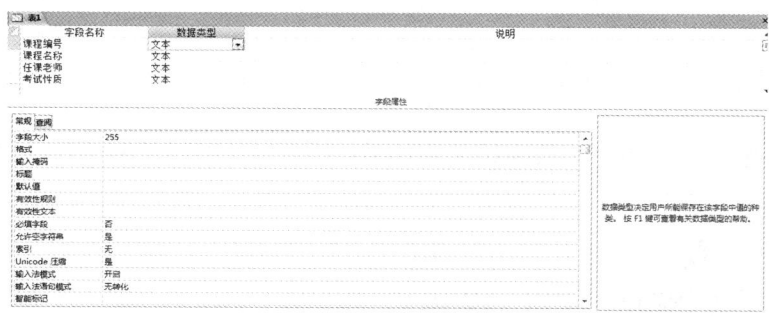

图 5-25 设置字段名称和数据类型

(5) 在表的设计视图中,用鼠标右键单击标题栏,弹出快捷菜单,如图 5-26 所示。

图 5-26 快捷菜单

(6) 在快捷菜单中,选择"关闭",打开提示对话框,如图 5-27 所示。

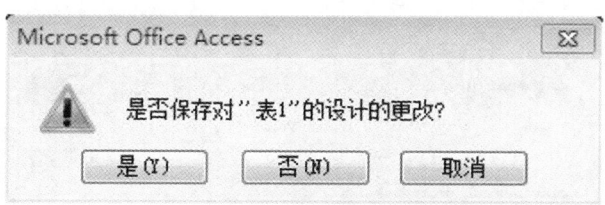

图 5-27 提示对话框

(7) 在提示对话框中,提示是否保存对"表 1"的设计的更改,单击"是"按钮,打开"另存为"对话框,如图 5-28 所示。

图 5-28 "另存为"对话框

（8）在"另存为"对话框中，在"表名称"文本框中输入表的名称，在这里输入"课程"，单击"确定"按钮，弹出提示对话框，如图 5-29 所示。

图 5-29 提示对话框

（9）在提示对话框中，提示是否创建主键，单击"是"按钮以后创建主键。完成数据表的保存。

4. 任务拓展

Access 2007 提供了从其他数据源"如 Office Excel 2007 工作簿、XML 文件、文本文件或其他数据库"导入或链接到表的功能。导入信息时，将在当前的数据库的一个新的表中创建信息的副本。链接信息时，则在当前数据库中创建一个链接表，它指向其他位置所储存的现有信息的活动链接。因此，在链接表中更改数据时，也会同时更改原始数据源中的数据。

操作步骤如下。

（1）在打开的数据库中，单击"外部数据"选项卡，如图 5-30 所示。

图 5-30 "外部数据"选项卡

（2）在"导入"组中列出了可以导入或链接外部数据的格式类型。例如单击"Excel"按钮，打开"获取外部数据—Excel 电子表格"对话框，如图 5-31 所示。

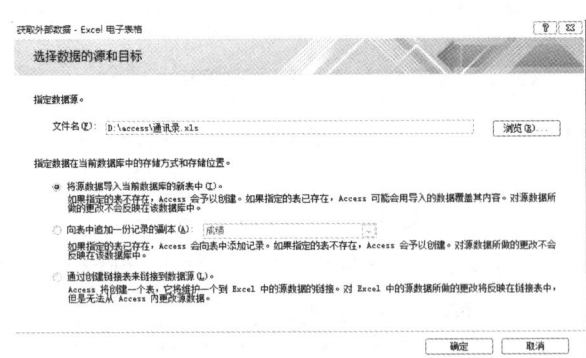

图 5-31 "获取外部数据—Excel 电子表格"对话框

（3）在"获取外部数据—Excel 电子表格"对话框中，在"文件名"文本框中指定数据源的名称，指定数据在当前数据库中的储存方式和储存位置。例如单击"将数据源导入当前数据库的新表中"单选按钮,然后单击"确定"按钮,打开"导入数据表向导"对话框"确定字段名称"如图 5-32、图 5-33 所示。

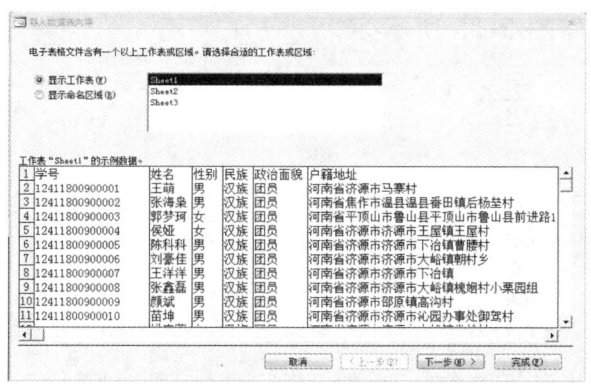

图 5-32 "导入数据表向导"对话框"确定字段名称"1

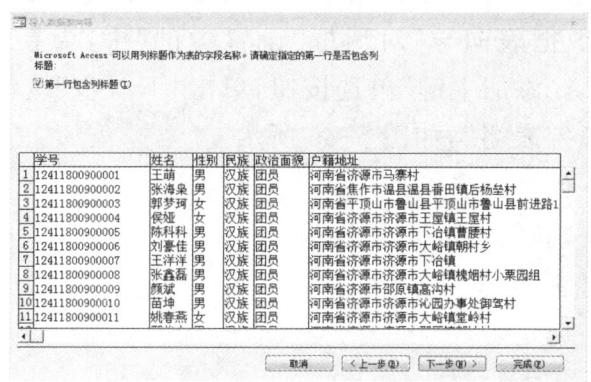

图 5-33 "导入数据表向导"对话框"确定字段名称"2

(4) 在"导入数据表向导"对话框"确定字段名称"中,如果导入表格的第一行包含列标题,选择"第一行包含列标题"复选框,单击"下一步"按钮,打开"导入数据表向导"对话框"更改字段信息",如图 5-34 所示。

图 5-34 "导入数据表向导"对话框"更改字段信息"

(5) 在"导入数据表向导"对话框"更改字段信息"中,在"字段选项"框内更改字段的信息,更改完成后,单击"下一步"按钮,打开"导入数据表向导"对话框"设置主键",如图 5-35 所示。

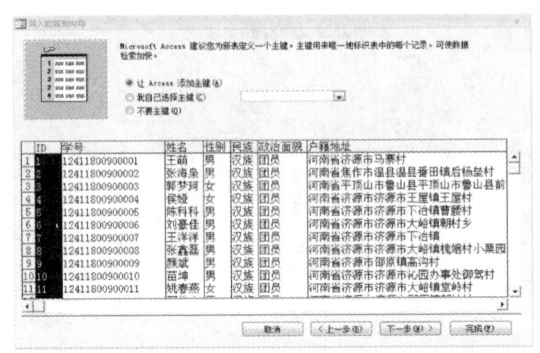

图 5-35　"导入数据表向导"对话框"设置主键"

(6) 在"导入数据表向导"对话框"设置主键"中,为新表定义一个主键。例如单击"让 Access 添加主键"单选按钮,单击"下一步"按钮,打开"导入数据表向导"对话框"指定表名",如图 5-36 所示。

图 5-36　"导入数据表向导"对话框"指定表名"

(7) 在"导入数据表向导"对话框"指定表名"中,确定表的名称,然后单击"完成"按钮,打开"获取外部数据—Excel 电子表格"对话框,如图 5-37 所示。

图 5-37　"获取外部数据—Excel 电子表格"对话框

(8) 在"获取外部数据—Excel 电子表格"对话框中,指定是否保存这些导入步骤,然后单击"关闭"按钮,完成外部数据导入。

5.2.2 设置"学生"表的属性

字段具有某些定义特征,如每个字段都有一个名称,用于在表中唯一的标识该字段。字段还具有与要储存的信息相匹配的数据类型,数据类型可以确定储存的值,也可以确定执行的操作及为每个值留出的储存空间。每个字段还具有一组关联的设置,也称为属性,用于定义字段的外观或行为特征。在表的设计视图中可以创建和修改表的结构,修改表的字段及其属性。数据表的属性分为常规属性和查阅属性。

1. 设置"学生"表的常规属性

字段的常规属性主要包括字段大小、格式、小数位数、输入掩码、标题、默认值、有效性规则、有效性文本、必填字段、索引、智能标记、输入法模式等。每个字段的属性随着数据类型的不同而不同。

操作步骤如下。

(1) 启动 Access 2007。

(2) 打开"学生成绩管理系统"数据库。

(3) 在导航窗格中用鼠标右键单击"学生"表,在弹出的快捷菜单中选择"设计视图"选项,打开该表的设计视图,如图 5-38 所示。

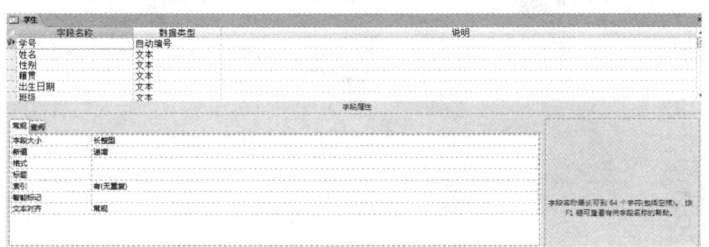

图 5-38 "学生"表的设计视图

(4) 在设计视图中,选择"学号"字段的数据类型为"文本"选项,假设学号的数据位数为 6 位,可以在"常规"选项卡上的"字段大小"文本框中输入"10"。在"输入掩码"文本框中输入"000000",如图 5-39 所示,表示必须输入 6 位数字。如果输入数据违反规则,将弹出提示对话框,提示输入数据有误。

图 5-39　设置字段大小和输入掩码属性

只有当字段的数据类型为"文本""字段"或"自动编号"时,"字段大小"属性才可以设置,设置的值随着字段数据类型的不同而不同。"文本"数据类型字段大小的范围为1～255个字符,如果容纳的字符个数超过255个字符,可以使用"备注"数据类型。

（5）在设计视图中,选择"性别"字段的数据类型为"文本"选项,在"常规"选项卡上的"默认值"文本框中输入"男",表示自动为该字段填入"男",在输入数据时只需更改少量的女生数据即可,从而减少了输入的工作量。在"有效性规则"文本框中输入"男"或"女",在"有效性文本"文本框中输入:性别只能为"男"或"女",如图5-40所示。表示所有输入内容都必须在有效性规则指定的范围内,如果有非法数据输入,将自动弹出提示信息,该提示信息的内容来自所设置的有效性文本属性。

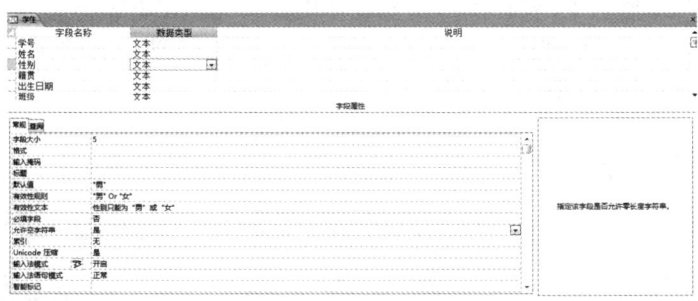

图 5-40　设置默认值、有效性规则和有效性文本属性

（6）在设计视图中,选择"出生日期"字段的数据类型为"日期/时间"选项,在"常规"选项卡上的"格式"下拉列表框中选项"短日期"选项,如图5-41所示。

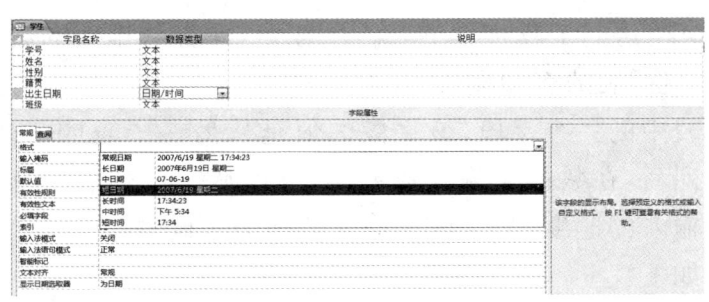

图 5-41　设置格式属性

"格式"属性用来限制数据的显示格式，不同数据类型的字段，选择的格式有所不同。

（7）在设计视图中，选择"是否城市户口"字段的数据为"是/否"选项，选择"备注"字段的数据类型为"备注"选项，如图 5-42 所示。

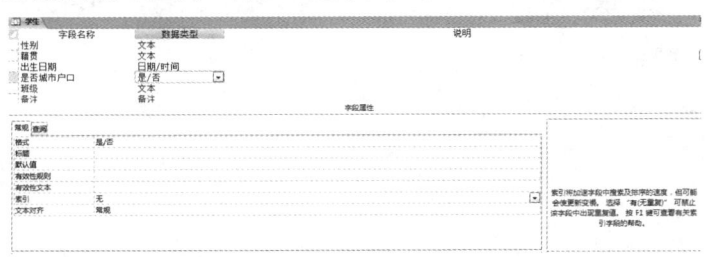

图 5-42　设置数据类型

（8）选择"学号"字段，单击"设计"选项卡上"工具"组的"🔑"（主键）按钮，或者用鼠标右键单击"学号"字段行选择器，在弹出的快捷菜单中选择"主键"命令，则在"学号"字段前显示一个类似钥匙的标记，如图 5-43 所示，设置主键字段。重复执行一次该操作可取消主键字段的位置。

图 5-43　设置主键字段

使用主键不仅可以唯一标识表中每一条记录，还能加快表的索引速度。如果设置多个字段作为主键，则需要选择多个字段，单击"设计"选项卡上"工具"组的"🔑"（主键）按钮，或者按住"Ctrl"键不放，用鼠标右键单击字段行选择器，在弹出的快捷菜单中选择"主键"命令。

(9)单击快速访问工具栏上的"保存"按钮,保存数据表的属性设置。

2. 设置"学生"表的查阅属性

查阅列是表中的一个字段,该字段的值是从另一个表或值列表中检索而来。创建查阅列后,在数据表输入数据时,可以从一个列表中选择数据,这样既加快了数据输入的速度,又保证了输入数据的正确性。

操作步骤如下。

(1)启动 Access 2007。

(2)打开"学生成绩管理系统"数据库。

(3)在导航窗格中用鼠标右键单击"学生"表,在弹出的快捷菜单中选择"设计视图"选项,打开该表的设计视图。

(4)在设计视图中选择"系别"字段,单击"查阅"选项卡,如图 5-44 所示。

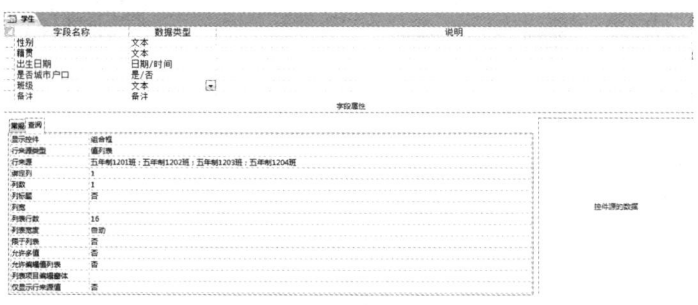

图 5-44 "查阅"选项卡

(5)在"查阅"选项卡上,"显示控件"属性的设置有:"文本框""列表框""组合框""复选框"等选项。"行来源类型"属性的设置有:"表/查询""值列表""字段列表"等选项。"行来源"属性制定为查阅列提供值的表、查询或值列表等。例如设置"显示控件"属性为"组合框",设置"行来源类型"属性为"值列表",设置"行来源"属性为:"五年制 1201 班;五年制 1202 班;五年制 1203 班;五年制 1204 班"。

不同类型的字段,其"显示控件"属性的可设置值也不相同。

(6)单击快速访问工具栏上的"保存"按钮,保存表的属性设置。

(7)单击"设计"选项卡上"视图"组的"视图"按钮,切换"学生"表为数据表视图,输入数据时,在"班级"字段的单元格提供了下拉列表,如图 5-45 所示,直接在下拉列表框中选择一种选项即可。

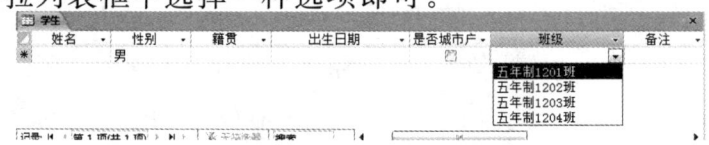

图 5-45 使用"查阅"选项卡设置查阅列

练习:

(1) 在"学生成绩管理系统"数据库中,使用设计视图设置"成绩"表和"课程"表的属性。

(2) 设置"成绩"表中"学号"和"课程编号"字段作为主键字段。

(3) 设置"课程"表中"课程编号"字段作为主键字段。

5.2.3 编辑"学生"表

在创建数据库和表之后,就可以在创建的表中执行添加记录、编辑记录、查看记录、修改记录和追加记录等操作;还可以对创建的表进行复制、重命名和删除等操作。

1. 在"学生"表中添加记录

在数据库中保存的信息以表的形式存储,数据表包括了有关特定主题的数据。数据表是由一条条记录组成的,每条记录由字段组成,记录和字段通常也分别称为行和列。下面以"学生"表为例,介绍如何编辑表中的数据。

操作步骤如下。

(1) 启动 Access 2007。

(2) 打开"学生成绩管理系统"数据库。

(3) 在导航窗格中双击"学生"表,打开该表的数据表视图,如图 5-46 所示。

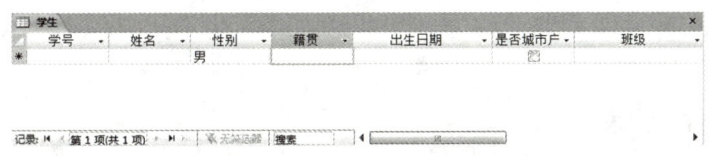

图 5-46 "学生"表数据表视图

(4) 在数据表视图中,单击空白记录的字段名称下方的单元格(空白记录行前带有一个星号"＊"),则该单元格处于可编辑状态,直接在该单元格输入数据,按"Tab"键移至下一个字段的单元格,或按组合键"Shift+Tab"移至上一个字段的单元格。

(5) 添加记录完成后,单击数据表视图右上角的"关闭"按钮,关闭数据表,系统将自动保存所输入的记录。

要在支持多行文本的字段(如"文本"字段或"备注"字段)中开始一个新行,可以按组合键"Ctrl+Enter"。

(6) 对记录进行复制和删除等操作之前,首先要选择记录,将鼠标指针移到要选择记录的左边,单击记录选择器,选中的记录将呈现出与其他记录不同的颜色，并且选中的记录添加了边框，如图 5-47 所示。

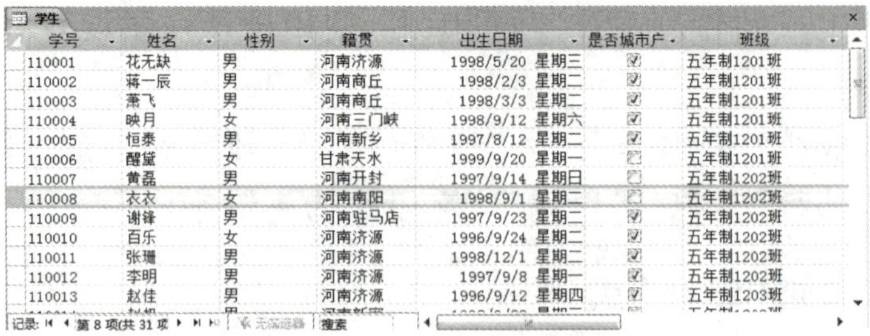

学生

学号	姓名	性别	籍贯	出生日期	是否城市户	班级
110001	花无缺	男	河南济源	1998/5/20 星期三	☑	五年制1201班
110002	蒋一辰	男	河南商丘	1998/2/3 星期二	☑	五年制1201班
110003	萧飞	男	河南商丘	1998/3/3 星期二	☑	五年制1201班
110004	映月	女	河南三门峡	1998/9/12 星期六	☑	五年制1201班
110005	恒泰	男	河南新乡	1997/8/12 星期二	☑	五年制1201班
110006	醒黛	女	甘肃天水	1999/9/20 星期一	☐	五年制1201班
110007	黄磊	男	河南开封	1997/9/14 星期日	☐	五年制1202班
110008	衣衣	女	河南南阳	1998/9/1 星期二	☐	五年制1202班
110009	谢锋	男	河南驻马店	1997/9/23 星期二	☑	五年制1202班
110010	百乐	女	河南济源	1996/9/24 星期二	☑	五年制1202班
110011	张珊	男	河南济源	1998/12/1 星期二	☑	五年制1202班
110012	李明	男	河南济源	1997/9/8 星期一	☑	五年制1202班
110013	赵佳	男	河南济源	1996/9/12 星期四	☑	五年制1203班

记录: 第 8 项(共 31 项　无筛选器　搜索

图 5-47　选择记录

(7) 在进行删除记录操作时，用鼠标右键单击记录选择器，在弹出的快捷菜单中选择“删除记录”命令，或者选中要删除的记录，单击“开始”选项上“记录”组的“删除”按钮，弹出提示对话框，单击“是”按钮可删除记录。

如果要删除多条记录，首先按组合键“Shift+↓”或组合键“Shift+↑”选中多条记录，然后按住“Ctrl”键不放，用鼠标右键单击记录选择器，在弹出的快捷菜单中选择“删除记录”命令或者按“Delete”键即可。

(8) 在数据表视图中，如果要修改数据记录，只需将光标移至要编辑记录的字段中，将该数据删除，直接输入新的数据即可。

在数据表视图中选择记录，用鼠标右键单击记录选择器，在弹出的快捷菜单中可以选择“剪切”“复制”和“粘贴”等命令。

练习：

在“学生成绩管理系统”数据库中，添加“学生”表、“课程”表和“成绩”表的记录。

2. 复制“课程”表

表的复制有两种情况：在同一个数据库中复制表和从一个数据库中复制到另一个数据库中。下面以复制“学生成绩管理系统”数据库的“学生”表到一个新的数据库为例介绍其操作方法。

操作步骤如下。

(1) 打开“学生成绩管理系统”数据库，在导航窗格中用鼠标右键单击“学生”表，弹出快捷菜单，如图 5-48 所示。

图 5-48 快捷菜单

（2）在快捷菜单中选择"复制"命令；或者在导航窗格中选择"学生"表，单击"开始"选项卡上"剪贴板"组的"复制"按钮，将表的内容复制到剪贴板上。关闭"学生成绩管理系统"数据库。

（3）打开一个新的数据库。

（4）单击"开始"选项卡上"剪贴板"组的"粘贴"按钮，弹出"粘贴表方式"对话框，如图 5-49 所示。

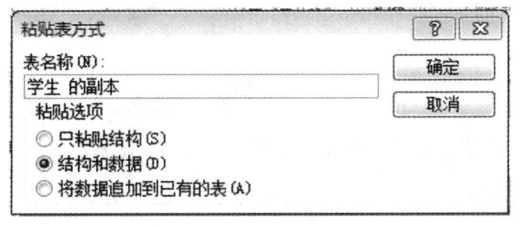

图 5-49 "粘贴表方式"对话框

（5）在"粘贴表方式"对话框中，提供了 3 种粘贴表的方式，选择一种粘贴方式，然后单击"确定"按钮即可。

只粘贴结构：只是将所选择表的结构复制成一个新表。

结构和数据：将所选择表的结构及其全部数据记录一起复制成一个新表。

将数据追加到已有的表：将所选择表的全部数据记录追加到一个已存在的表，要求这两个表的结构相同，才能保证复制数据的正确性。

在导航窗格中用鼠标右键单击一个表对象，在弹出的快捷菜单中选择"重命名"命令，此时该对象的名称处于可编辑状态，直接输入新的名称即可重命名表；在弹出的快捷菜单中选择"删除"命令，弹出提示对话框，提示是否删除表。

5.2.4 设置"学生"表格式

在数据表中添加记录后，可以通过对数据表格式的设置，使数据表更加美观、大方、易于浏览和查看数据。数据表的格式主要包括：字体、颜色、列宽和行高、隐蔽列、冻结列、单元格效果、网格线显示方式、背景色、网格线颜色、边框和线型等。

操作步骤如下。

（1）启动 Access 2007。

（2）打开"学生成绩管理系统"数据库。

（3）在导航窗格中双击"学生"表，打开该表的数据表视图。

（4）用鼠标右键单击记录选择器，在弹出的快捷菜单中选择"行高"命令，打开"行高"对话框，如图 5-50 所示；或者单击"开始"选项卡上"记录"组的"其他"按钮，打开下拉菜单，在下拉菜单中选择"行高"命令，也可以打开"行高"对话框。在"行高"对话框中，输入要设置的行高，单击"确定"按钮，则可以在数据表中调整所有的行高。

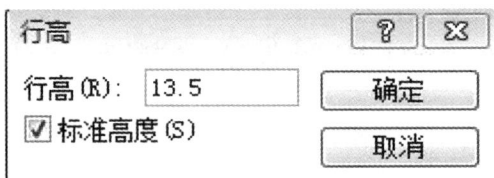

图 5-50　"行高"对话框

（5）将光标置于要调整字段宽度的任一单元格内，在打开的下拉菜单中选择"列宽"命令，打开"列宽"对话框，如图 5-51 所示；或者用鼠标右键单击字段的名称，在弹出的快捷菜单中选择"列宽"命令，也可以打开"列宽"对话框。在"列宽"对话框中，输入要设置的宽度，单击"确定"按钮，则可以在数据表中调整该列的宽度。单击"最佳匹配"按钮，可以使字段的宽度达到与数据最匹配的效果。

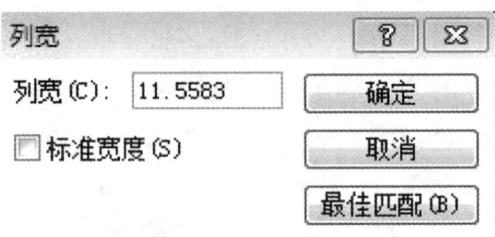

图 5-51　"列宽"对话框

（6）选择要隐藏的字段，如选择"性别"字段，单击"开始"选项卡上"记录"组的"其他"按钮，在打开的下拉菜单中选择"隐藏列"命令，此时"性别"字段被隐藏，如图 5-52 所示。

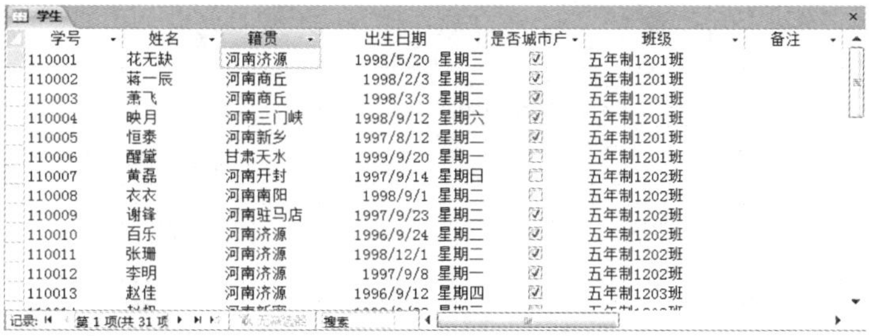

第 5 章　Access 2007 数据库

图 5-52　隐藏"性别"列

（7）取消隐藏的列时，单击"开始"选项卡上"记录"组的"其他"按钮，在打开的下拉菜单中选择"取消隐藏列"命令，打开"取消隐藏列"对话框，如图 5-53 所示，没有被选择的列为当前隐藏的列，选择被隐藏的列，单击"关闭"按钮，此时被隐藏的列重新显示在数据表中。

图 5-53　"取消隐藏列"对话框

（8）选择要冻结的字段，如选择"姓名"字段，单击"开始"选项卡上"记录"组的"其他"按钮，在打开的下拉菜单中选择"冻结"命令，此时该字段被冻结，在数据表中拖动水平滚动条时，"姓名"字段始终固定在窗口的左边，如图 5-54 所示。

图 5-54　冻结字段

（9）取消冻结的列时，单击"开始"选项卡上"记录"组的"其他"按钮，在打开的下拉菜单中选择"取消冻结"命令；或者用鼠标右键单击任一个字段名称，在弹出的快捷菜单中选择"取消对所有列的冻结"命令即可取消冻结的列。

（10）使用"开始"选项卡上"字体"组的命令按钮，如图 5-55 所示，可以设置字体、字号、字形、字体颜色、对齐方式和网格线等。

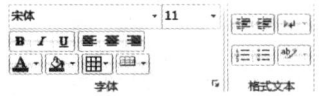

图 5-55 "开始"选项卡上的"字体"组

（11）在"开始"选项卡上"字体"组右下角，打开"设置数据表格式"对话框，如图 5-56 所示，可以设置单元格效果、网格线显示方式、背景色、网格线颜色、边框和线型等。

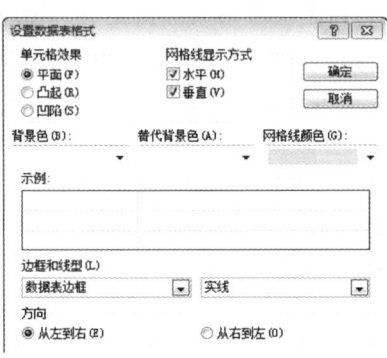

图 5-56 "设置数据表格式"对话框

§5.3 表的高级操作与设置表之间的关系

在数据表中，常常储存大量的数据，当需要查找或替换待定信息时，可使用 Access 2007 提供的查找和替换功能，当需要查找某一类特定的信息时，可以使用数据的排序和筛选功能。

在数据库中为每个主题创建表后，必须提供在需要时将这些信息重新组合到一起的方法。具体方法是在相关的表中利用公共字段定义表之间的关系。公共字段通常在两个表中使用相同的字段。在大多数情况下，这些公共字段是其中一个表的主键，另一个表的外键，因此在定义表之间的关系之前，需先设置表的主键。

5.3.1 排序"成绩"表中的数据

在数据表添加记录后，可以对表中的数据进行排序操作，以便更有效地查看和浏览数据记录。数据的排序就是将数据按照一定的逻辑顺序排列，表中的数据有两种排列方式:升序排列和降序排列。

1. 按照"性别"字段排列

在"学生成绩管理系统"数据库中,对"学生"表中的数据,按照"性别"字段升序排列。

操作步骤如下。

(1) 启动 Access 2007。

(2) 打开"学生成绩管理系统"数据库。

(3) 在导航窗格中双击"学生"表,打开该表的数据表视图。

(4) 在数据表视图中,单击"性别"字段名右侧的 按钮,弹出下拉列表,如图 5-57 所示。

图 5-57　下拉列表

(5) 在下拉列表中,选择一种排序方式,若选择"升序"命令,则该字段按照升序排列,如图 5-58 所示。

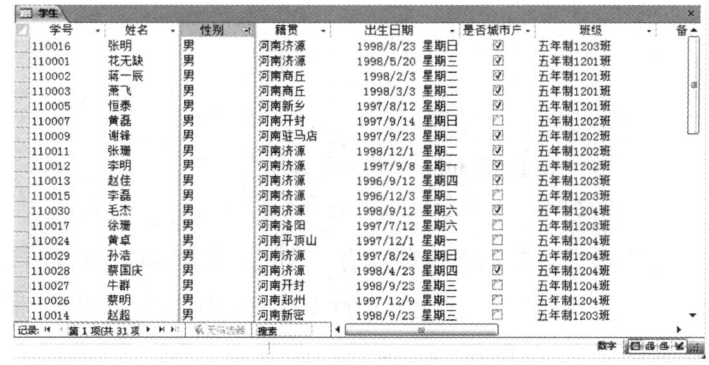

图 5-58　按"性别"字段升序排列

(6) 单击快速访问工具栏上的"保存"按钮,保存数据的排序。

2. 按照"性别"和"系别"字段排列

Access 可以将数据表中的多个字段进行排序,并且可以按照不同的方式排序,需要使用高级排序。在"学生成绩管理系统"数据库中,对"学生"表中的数据按照"性别"字段升序排列。如果"性别"字段的内容相同,再按照"系别"字段降序排列。

操作步骤如下。

（1）启动 Access 2007。

（2）打开"学生成绩管理系统"数据库。

（3）在导航窗格中双击"学生"表，打开该表的数据表视图。

（4）单击"开始"选项卡上"排序和筛选"组的"高级"按钮，打开下拉菜单，如图 5-59 所示。

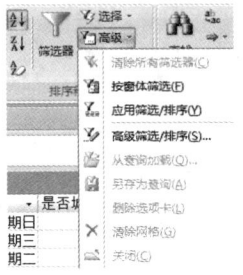

图 5-59　下拉菜单

（5）在下拉菜单中，选择"高级筛选/排序"命令，打开"学生筛选 1"窗口，如图 5-60 所示。

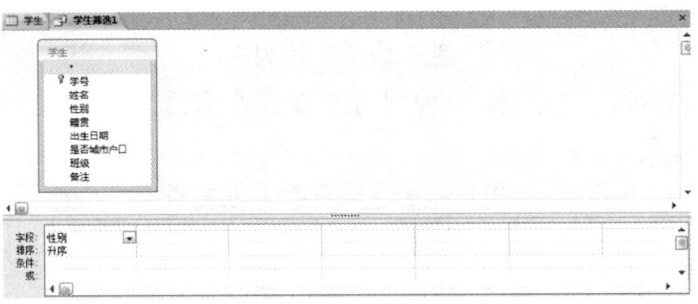

图 5-60　"学生筛选 1"窗口

（6）在"学生筛选 1"窗口中，在"字段"行第一列的下拉列表中选择要排序的字段，选择"性别"选项，在"排序"行第一列的下拉列表中选择排序的方式，选择"升序"选项。在"字段"行第二列的下拉列表中选择"系别"选项，在"排序"行第二列的下拉列表中选择"降序"选项。

在"学生筛选"窗口中，可以将"学生"表中的"性别"字段直接拖动到"字段"行第一列的单元格中。

（7）在"学生筛选 1"窗口中，设置完成后，单击"开始"选项卡上"排序和筛选"组的"高级"按钮，在弹出的下拉列表中选择"应用筛选/排序"命令，此时数据表按照指定的排序方式进行排序，如图 5-61 所示。

图 5-61 高级排序

（8）单击快速访问工具栏上的"保存"按钮，保存数据的排序。

练习：

在"学生成绩管理系统"中，对"学生"表中的数据按照"系别"字段降序排列，如果"系别"字段的内容相同时，再按照"出生日期"字段升序排列。

5.3.2 筛选"学生"表和"成绩"表中的数据

筛选就是选择查看记录，将需要的记录从表中筛选出来，并不是删除记录。筛选时必须设定筛选条件，将符合条件的记录筛选出来。

Access 2007 提供了 3 种筛选方式：基于选定内容筛选、使用窗体筛选和高级筛选。

1. 筛选女生记录

在数据表视图中，可以按照选定的内容进行筛选，主要有 3 种方法：使用命令按钮、使用筛选器和使用快捷菜单。

操作步骤如下。

（1）启动 Access 2007。

（2）打开"学生成绩管理系统"数据库。

（3）在导航窗格中双击"学生"表，打开该表的数据表视图。

（4）单击"性别"字段右侧的 ▼ 按钮，打开筛选器，打开"文本筛选器"的级联菜单，如图 5-62 所示。

图 5-62　级联菜单

在筛选器中,"文本筛选器"选项随着所选字段数据类型的不同而不同。

(5) 在级联菜单中选择适合的命令选项,例如选择"等于"选项,打开"自定义筛选器"对话框,如图 5-63 所示。

图 5-63　"自定义筛选器"对话框

(6) 在"自定义筛选器"中,输入筛选的内容,如输入"女",单击"确定"按钮,筛选出符合条件的记录,如图 5-64 所示。

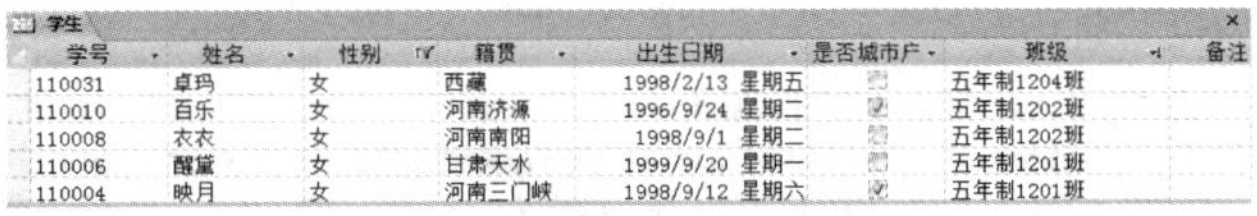

图 5-64　筛选特定内容

筛选特定内容后,在"性别"字段后面有一个筛选标记。

(7) 在应用筛选后的数据表中,记录导航器的筛选指示符显示为"已筛选"字样,单击该筛选指示符,恢复数据表原有的显示内容,同时"已筛选"字样更改为"未筛选"字样,如图 5-65 所示。

图 5-65　恢复数据表原有的显示内容

记录导航器的筛选指示符显示为"未筛选",并不是真正地删除筛选条件,只是暂时让筛选条件失效,恢复数据表原有的显示内容,当再次单击筛选指示符时,将显示筛选的内容。

(8) 单击"性别"字段右侧的按钮,打开筛选器,选择"从'性别'清除筛选器"命令,可以清除筛选条件。

2. 筛选五年制 1204 班的女生记录

如果想要按窗体或数据表中的若干个字段进行筛选,或者要查找特定记录,那么使用窗体筛选非常有效。Access 2007 将创建与原始窗体或数据表相似的空白窗体或数据表,然后根据需要填写任意数量的字段。完成后,Access 2007 将查找包含指定值的记录。

操作步骤如下。

(1) 启动 Access 2007。

(2) 打开"学生成绩管理系统"数据库。

(3) 在导航窗格中双击"学生"表,打开该表的数据表视图。

(4) 单击"开始"选项卡上"排序和筛选"组的"高级"按钮,在弹出的下拉列表中选择"按窗体筛选"命令,打开"学生:按窗体筛选"对话框,如图 5-66 所示。

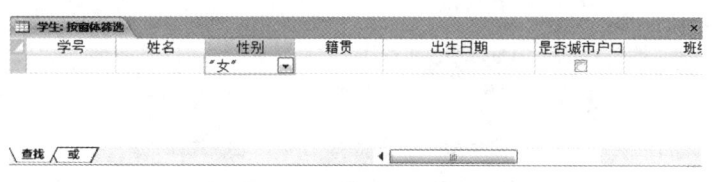

图 5-66 "学生:按窗体筛选"对话框

(5) 在"学生:按窗体筛选"对话框中,在"性别"字段下拉列表中选择"女"选项,在"班级"字段下拉列表中选择"五年制 1204 班"选项。

(6) 在"学生:按窗体筛选"对话框中设置完成后,单击快速访问工具栏上的"保存"按钮,打开"另存为查询"对话框,如图 5-67 所示。

图 5-67 "另存为查询"对话框

(7) 在"另存为查询"对话框中,输入查询名称为"按窗体筛选五年制 1204 班的女生",单击"确定"按钮。

保存查询后,在导航窗格的"查询"组中出现该查询对象。

(8) 单击"开始"选项卡上"排序和筛选"组的"切换筛选"按钮,将筛选出所有符合条件的记录,如图 5-68 所示。

图 5-68　按窗体筛选数据

3. 筛选"课程编号"为"1002"且成绩已及格的记录

高级筛选是处理复杂问题的一种筛选方法,需要使用比较复杂的条件表达式。

操作步骤如下。

(1) 启动 Access 2007。

(2) 打开"学生成绩管理系统"数据库。

(3) 在导航窗格中双击"成绩"表,打开该表的数据表视图。

(4) 单击"开始"选项卡上"排序和筛选"组的"高级"按钮,打开下拉菜单,在下拉菜单中,选择"高级筛选/排序"命令,打开"成绩筛选 1"窗口,如图 5-69 所示。

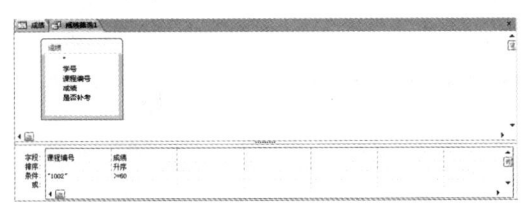

图 5-69　"成绩筛选 1"窗口

(5) 在"成绩筛选 1"窗口中,在"字段"行第一列的下拉列表中选择"课程编号"选项,在"条件"行第一列单元格内输入"1002"。在"字段"行第二列的下拉列表中选择"成绩"选项,在"排序"行第一列的下拉列表中选择"升序"选项,在"条件"行第二列的单元格内输入">=60"。

(6) 在"成绩筛选 1"窗口中,设置完成后,单击"开始"选项卡上"排序和筛选"组的"切换筛选"按钮,将筛选出所有符合条件的记录,如图 5-70 所示。

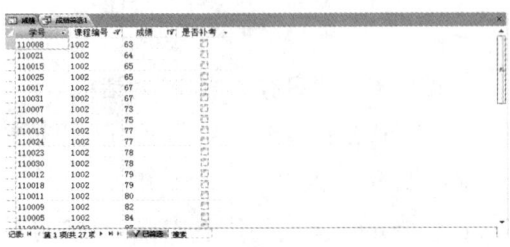

图 5-70　高级筛选数据

5.3.3 在"学生"表中查找和替换数据

在 Access 2007 数据库中的表里,常常储存大量的数据,可以使用 Access 提供的查找和替换功能,来查找和替换需要的信息。

操作步骤如下。

(1) 启动 Access 2007。

(2) 打开"学生成绩管理系统"数据库。

(3) 在导航窗格中双击"学生"表,打开该表的数据表视图。

(4) 单击"开始"选项卡上"查找"组的"查找"按钮,打开"查找和替换"对话框,如图5-71所示。

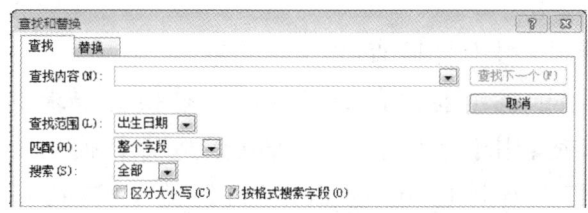

图 5-71 "查找和替换"对话框

(5) 在"查找和替换"对话框中,各选项的含义如下。

"查找内容"列表框:用于输入要查找的内容,一般是表中某个记录的全部或一部分内容。

"查找范围"列表框:在搜索列和搜索整个表之间切换。

"匹配"列表框:有"字段任何部分""整个字段"和"字段开头"3个选项。

"搜索"列表框:可更改搜索方向。选择"向上"可查找光标上方的记录,选择"向下"可查找光标下方的记录。选择"全部"可从记录的顶部开始,搜索全部记录。

"区分大小写"复选框:查找与搜索字符串的大小写设置匹配的值。

当 Access 选中"按格式搜索字段"复选框后,请保持其选中状态。如果清除该复选框,则搜索操作可能不会返回任何结果。

(6) 在"查找内容"列表框中输入要查找的内容,单击"查找下一个"按钮,在表中显示符合要求的内容,依次单击"查找下一个"按钮,将逐个显示数据表中查找的内容。

(7) 查找完成后,系统将弹出提示对话框,提示已完成搜索记录,单击"确定"按钮关闭提示对话框。

不能对"查阅"字段在"查找和替换"对话框中查找和替换操作。

(8) 在"查找和替换"对话框中,单击"替换"选项卡,即可切换到"替换"选项卡,如图 5-72 所示。

图 5-72 "替换"选项卡

单击"开始"选项卡上"查找"组的替换按钮,也可以打开"替换"选项卡。

(9) 在"替换"选项卡上,除了下列选项,其他选项与"查找"选项卡上的含义一致。

"替换为"列表框:用于替换查找内容的数据。

"替换"按钮:用于将当前符合查找的内容替换为要求的内容。

"全部替换"按钮:用于将所有符合查找的内容替换为要求的内容。

(10) 在"替换"选项卡上,单击"取消"按钮关闭"查找和替换"对话框。

5.3.4 创建数据表之间的关系

在数据库中,表与表之间存在着各种各样的关系,将这些表关联起来,将组成一个功能强大的关系表。两个表之间的关系通过一个相关的字段创建,决定相关字段取值范围的表为父表,关联字段为父表的主键。另一个引用父表相关字段的表为子表,关联字段为子表的外键。根据父表和子表关联字段的相互关系,数据表间的关系分为 3 种:一对一关系、一对多关系和多对多关系。

一对一关系:父表中的每条记录和子表中的记录有且仅有一条相匹配,子表中的每条记录和父表中的记录也只有一条相匹配。在这种表关系中,父表和子表都必须以相关联的字段为主键。

一对多关系:父表中的每条记录和子表中的多条记录相关联,而子表中的每条记录和父表中的记录只能有一条相匹配。在这种表关系中,父表必须以相关联的字段为主键。

多对多关系:父表中的每条记录和子表中的多条记录相关联,子表中的每条记录也和父表中的多条记录相关联。在这种表关系中,父表和子表之间的关联通过一个中间表来实现。

1. 创建表之间的关系

在数据库中,一个表可以和多个表相关联。例如,在"学生成绩管理系统"数据库中,创建表之间的关系后,执行查看关系、修改关系和删除关系等操作。

操作步骤如下。

(1) 启动 Access 2007。

(2) 打开"学生成绩管理系统"数据库。

(3) 打开任一个表的数据表视图。

(4) 单击"数据表"选项卡上"关系"组的"关系"按钮,打开"关系"窗口,如图 5-73 所示。

图 5-73 "关系"窗口

直接单击"数据库工具"选项卡上"显示/隐藏"组的"关系"按钮,也可以打开"关系"窗口,打开"关系"窗口时,功能区上"数据表"选项卡自动变为"设计"选项卡。

(5) 在"关系"窗口中,如果尚未定义过任何关系,则会自动显示"显示表"对话框,如图 5-74 所示。如果未出现该对话框,单击"设计"选项卡上"关系"组的"显示表"按钮,打开"显示表"对话框。

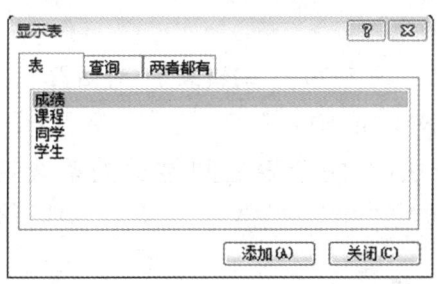

图 5-74 "显示表"对话框

(6) 在"显示表"对话框,选择"成绩"表,单击"添加"按钮,将"成绩"表添加到"关系"窗口。同样地,将"课程"表和"学生"表添加到"关系"窗口,单击 ✖ 按钮,关闭"显示表"对话框。添加表后的"关系"窗口如图 5-75 所示。

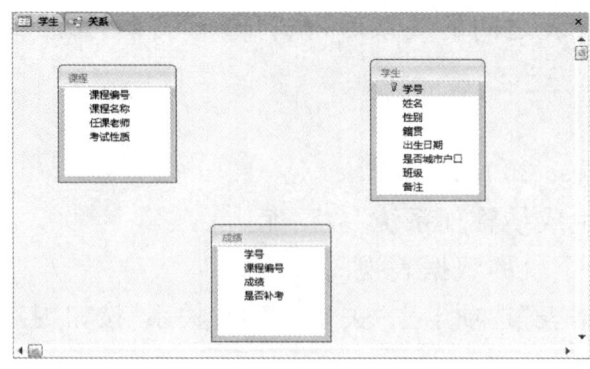

图 5-75　添加表后的"关系"窗口

（7）在添加表后的"关系"窗口，选择"课程"表的"课程编号"字段，按住鼠标左键不放，拖动鼠标到"成绩"表的"课程编号"字段上，松开鼠标左键，打开"编辑关系"对话框，如图 5-76 所示。

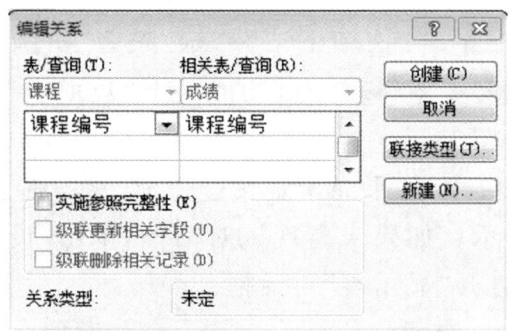

图 5-76　"编辑关系"对话框

（8）在"编辑关系"对话框中，单击"创建"按钮，关闭"编辑关系"对话框，在这两个表之间创建关系，在两个表之间显示关系线，如图 5-77 所示。

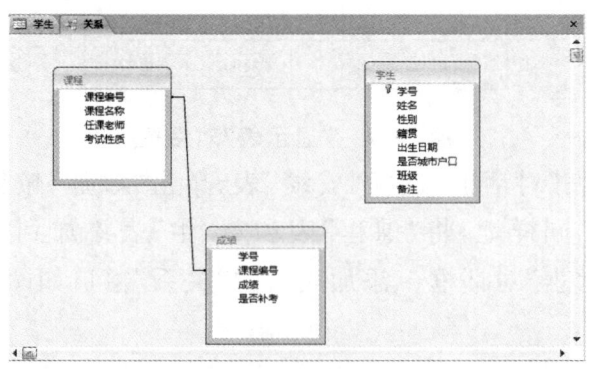

图 5-77　创建"课程"表和"成绩"表之间关系

（9）在"关系"窗口中，用同样的方法，拖动"学生"表的"学号"字段到"成绩"表的"学号"字段上，创建这两个表的关系，如图5-78所示。

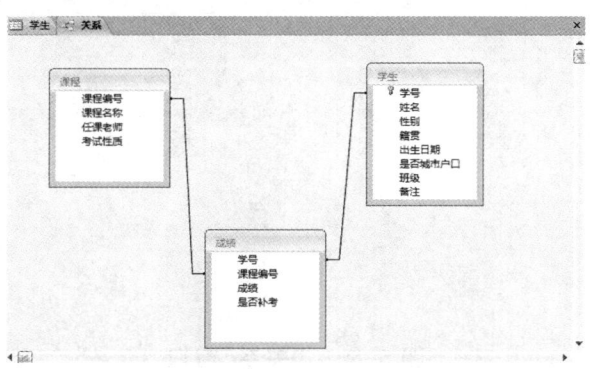

图5-78　创建"学生"表和"成绩"表之间关系

（10）选中要删除的关系线，关系线会显示得较粗。单击鼠标右键，在弹出的快捷菜单中选择"删除"命令，或者直接按"Delete"键，弹出提示对话框。在提示对话框中，确定是否要从数据库中永久删除选中的关系，单击"是"按键，删除选中的关系线。

（11）在"关系"窗口中，单击要修改的关系线，双击该关系线，或者单击功能区"设计"选项卡上"工具"组的"编辑关系"按钮，打开"编辑关系"对话框，如图5-79所示。

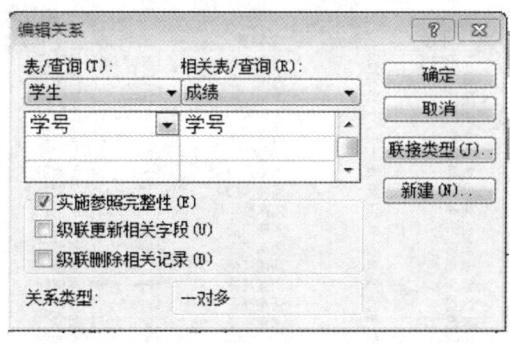

图5-79　"编辑关系"对话框

选中关系线后，单击鼠标右键，在弹出的快捷菜单中选择"编辑关系"命令，也可打开"编辑关系"对话框。

（12）在"编辑关系"对话框中，有3个复选框："实施参照完整性""级联更新相关字段"和"级联删除相关记录"复选框。

（13）在"编辑关系"对话框中，勾选"实施参照完整性"复选框，单击"确定"按钮，关闭"编辑关系"对话框。在"关系"窗口中，对关系实施参照完整性后，则该线两端都会变粗，在父表一侧的关系上显示数字"1"，在子表一侧的关系线上显示无限大符号。如图 5-80 所示。

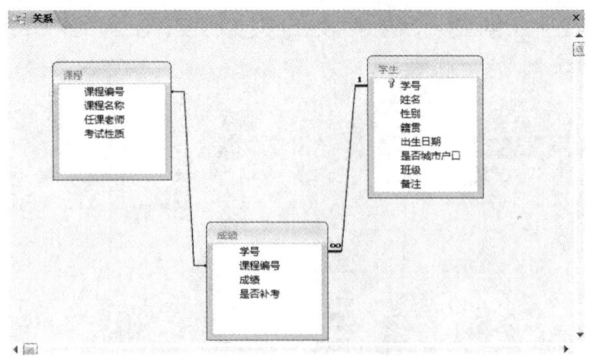

图 5-80　“关系”窗口

(14) 单击快速访问工具栏上的“保存”按钮,保存创建的关系。

2. 创建子表

Access 允许用户在数据表中插入子数据表。在数据表中可以查看单条记录信息,也可以查看与该条记录相关的子数据表中的记录。

操作步骤如下。

(1) 启动 Access 2007。

(2) 打开“学生成绩管理系统”数据库。

(3) 打开“学生”表的数据表视图,如图 5-81 所示。

学生

学号	姓名	性别	籍贯	出生日期	是否城市户
110001	花无缺	男	河南济源	1998/5/20 星期三	☑
110002	蒋一辰	男	河南商丘	1998/2/3 星期二	☑
110003	萧飞	男	河南商丘	1998/3/3 星期二	☑
110004	映月	女	河南三门峡	1998/9/12 星期六	☑
110005	恒泰	男	河南新乡	1997/8/12 星期二	☑
110006	醒黛	女	甘肃天水	1999/9/20 星期一	☐
110007	黄磊	男	河南开封	1997/9/14 星期日	☐
110008	衣衣	女	河南南阳	1998/9/1 星期二	☐
110009	谢锋	男	河南驻马店	1997/9/23 星期二	☑
110010	百乐	女	河南济源	1996/9/24 星期二	☑
110011	张珊	男	河南济源	1998/12/1 星期二	☑
110012	李明	男	河南济源	1997/9/8 星期一	☑
110013	赵佳	男	河南济源	1996/9/12 星期四	☑
110014	赵超	男	河南新密	1998/9/23 星期三	☐
110015	李磊	男	河南济源	1996/12/3 星期二	☐
110016	张明	男	河南济源	1998/8/23 星期日	☑
110017	徐珊	男	河南洛阳	1997/7/12 星期六	☐
110018	赵丽	男	河南焦作	1996/3/9 星期六	☐
110019	赵静	男	河南濮阳	1998/4/3 星期五	☑

记录: 第 1 项(共 31 项　无筛选器　搜索

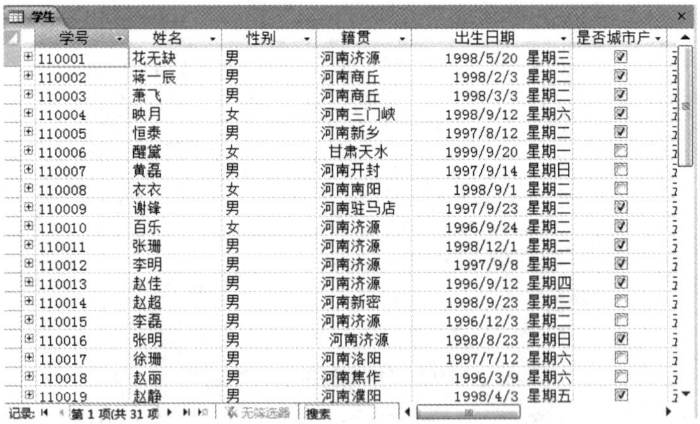

图 5-81　“学生”表的数据表视图

(4) 在“学生”表的数据表视图中,在每行记录中的前面有“+”图标,单击“+”按钮,展开子数据表,同时“+”图标变为“−”图标。单击“−”按钮,折叠子数据表,同时“−”图标变为“+”图标,如图 5-82 所示。

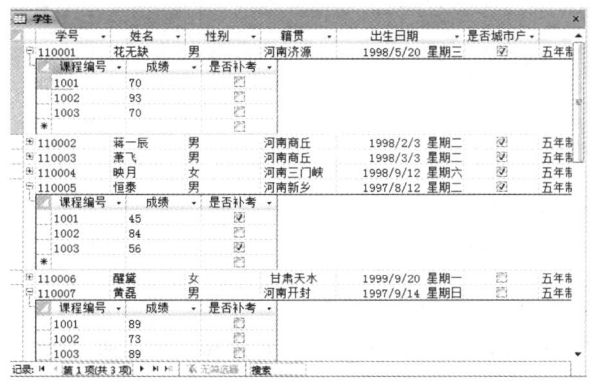

图 5-82 查看子表

对于没有创建表之间关系的情况，Access 2007 提供了一种直接在数据表插入子数据表的方法。例如，在"学生成绩管理系统"数据库中，创建子数据表，需要执行下列步骤。

（1）启动 Access 2007。

（2）打开"学生成绩管理系统"数据库。

（3）打开"学生"表的数据表视图。

（4）单击"开始"选项卡上"记录"组的"其他"按钮，打开下拉菜单，在下拉菜单中单击"子数据表"命令，弹出该命令的级联菜单，如图 5-83 所示。

图 5-83 级联菜单

（5）在级联菜单中，选择"子数据表"命令，打开"插入子数据表"对话框，如图 5-84 所示。

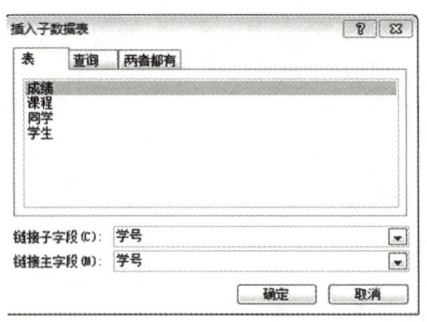

图 5-84 "插入子数据表"对话框

（6）在"插入子数据表"对话框中，在"表"选项卡的"成绩"选项的"链接子字段"和"链接主字段"下拉列表中选择链接字段，单击"确定"按钮，系统将弹出提示对话框。

（7）在提示对话框中，询问是否现在创建一个关系，单击"是"按钮，将创建表之间的关系，同时在"学生"表的数据表视图中可以查看子表。

（8）在"学生"表的数据表视图中，单击"开始"选项卡上"记录"组的"其他"按钮，在弹出的下拉菜单中选择"子数据表"或"删除"命令，可以在"学生"表的数据表视图中删除子数据表。

1. 简答题。
   （1）Access 2007 的启动和退出有哪几种方法？
   （2）数据库的打开和关闭有哪几种方法？
   （3）创建数据库主要有哪几种方法？
   （4）为什么要进行数据库格式的转换？
   （5）创建数据表主要有哪几种方法？
   （6）将表的数据表视图切换为设计视图有哪几种方法？
   （7）设置输入掩码有什么作用？
   （8）筛选数据主要有哪几种方法？
   （9）数据的查找与筛选有什么异同点？
   （10）如果创建数据表之间的关系后，打开父表，查看子表，如何删除子表？
2. 上机操作题。
   【实训一 使用模板创建"项目"数据库】
   要求：使用模板创建数据库，认识数据库中的每个对象。

操作步骤如下。

（1）启动 Access 2007。

（2）在"模板类别"列表框中选择"本地模板"选项。

（3）在窗口中部"本地模板"栏里单击"项目"图标。

（4）在窗口的右侧输入要创建的数据库文件名和保存路径。

【实训二 转换数据库格式】

要求：创建一个空数据库，数据库的文件名为"图书馆借阅管理系统"，然后将该数据库转换为另一种数据库格式。

操作步骤如下。

（1）启动 Access 2007。

（2）在启动界面"新建空白数据库"栏里单击"空白数据库"按钮，在窗口的右侧输入要创建的数据库文件名和保存路径，单击"创建"按钮，创建空白数据库。

（3）单击窗口左上角的图标，在弹出的菜单中选择"另存为"命令，在弹出的级联菜单中选择要转换的数据库格式即可。

【实训三 创建表】

要求：创建"图书馆借阅管理系统"数据库，在该数据库中使用模板、数据表视图和设计视图创建"图书""读者"和"出版社"表。

操作步骤如下。

（1）使用模板创建表，单击功能区"创建"选项卡上"表"组的"表模板"按钮。

（2）使用数据表视图创建表，单击功能区"创建"选项卡上"表"组的"表"按钮。

（3）使用设计视图创建表，单击功能区"创建"选项卡上"表"组的"表设计"按钮。

【实训四 设置表的属性】

要求：在"图书馆借阅管理系统"数据库中设置表的属性，每个表的结构如表 5-1、表5-2和表 5-3 所示。

表 5-1 "图书"表的结构

字段名	字段类型	字段大小	格式	主键
图书编号	文本	10		是
图书名称	文本	30		
作者	文本	20		
出版社	文本	20		
出版日期	日期/时间		中日期	
页数	数字	整型	常规数字	
价格	数字	单精度型	货币	

表 5-2 "读者"表的结构

字段名	字段类型	字段大小	格式	主键
读者编号	文本	10		是
姓名	文本	20		
性别	文本	2		
单位	文本	20		
已借册数	数字	字节	标准	

表 5-3 "出版社"表的结构

字段名	字段类型	字段大小	主键
出版社	文本	20	是
地址	文本	50	
电话	文本	30	

【实训五 数据的排序和筛选】

要求:在"图书馆借阅管理系统"数据库中,对"图书"表中的数据,按照书的价格升序排列,然后筛选出 300 页以上的人民邮电出版社出版的图书记录。

操作步骤如下。

(1) 打开"图书"表的数据表视图。

(2) 单击"开始"选项卡上"排序和筛选"组的按钮,完成数据的排序。

(3) 单击"开始"选项卡上"排序和筛选"组的"高级"按钮,在打开的下拉菜单中选择"高级筛选/排序"命令,打开"筛选"窗口,设置筛选条件。

【实训六 创建数据表之间的关系】

要求:在"图书馆借阅管理系统"数据库中,创建数据表之间的关系。

操作步骤如下。

(1) 单击"数据表"的选项卡上"关系"组的"关系"按钮,打开"关系"窗口。

(2) 在"关系"窗口中添加所有的表。

(3) 使用鼠标在两个表中拖动关联字段,创建两个表之间的关系。